"十四五"职业教育国家规划教材
"十三五"职业教育国家规划教材

Photoshop职业应用项目教程

第3版

主　　编　杨银燕　刘银冬
副 主 编　张毅娴　田　华
参　　编　倪建晴　孙元立　马立改　李建勋
　　　　　王　鑫　郭永芳　周金静

机械工业出版社

本书是“十四五”职业教育国家规划教材。

本书按照由浅入深的思路进行编排，以项目任务的形式进行讲解，每个实例都具有很强的针对性，从而让学生在学习时有明确的思路，让相关知识点得到灵活的运用，培养学生专业能力、方法能力、社会能力三位一体的职业能力。

全书共分为8个项目，分别为Photoshop CC 2021进阶之旅、精雕细琢之人像修饰、完美成像之图像曝光与色彩的校正、流光溢彩之打造时尚色、珠联璧合之图像合成、慧心巧思之智能手机APP界面设计、出神入化之多彩滤镜、桴鼓相应之知行合一。

本书可作为各类职业院校计算机及相关专业的教材，也可作为计算机爱好者的自学参考用书。

为方便教师教学和学生学习，本书配有电子课件、微课视频（扫二维码观看）、项目素材等配套资源，可登录机械工业出版社教育服务网（www.cmpedu.com）免费注册下载，或联系编辑（010-88379543）索取。

图书在版编目（CIP）数据

Photoshop职业应用项目教程/杨银燕，刘银冬主编．—3版．—北京：机械工业出版社，2023.7（2025.10重印）

“十三五”职业教育国家规划教材：修订版

ISBN 978-7-111-73379-9

Ⅰ．①P…　Ⅱ．①杨…　②刘…　Ⅲ．①图像处理软件—职业教育—教材　Ⅳ．①TP391.413

中国国家版本馆CIP数据核字（2023）第109771号

机械工业出版社（北京市百万庄大街22号　邮政编码100037）

策划编辑：徐梦然　　责任编辑：徐梦然　侯　颖

责任校对：张亚楠　张　薇　　封面设计：鞠　杨

责任印制：邓　博

涿州市般润文化传播有限公司印刷

2025年10月第3版第6次印刷

210mm×297mm・7.75印张・173千字

标准书号：ISBN 978-7-111-73379-9

定价：34.00元

电话服务　　网络服务

客服电话：010-88361066　　机　工　官　网：www.cmpbook.com

010-88379833　　机　工　官　博：weibo.com/cmp1952

010-68326294　　金　书　网：www.golden-book.com

封底无防伪标均为盗版　　机工教育服务网：www.cmpedu.com

关于“十四五”职业教育国家规划教材的出版说明

为贯彻落实《中共中央关于认真学习宣传贯彻党的二十大精神的决定》《习近平新时代中国特色社会主义思想进课程教材指南》《职业院校教材管理办法》等文件精神，机械工业出版社与教材编写团队一道，认真执行思政内容进教材、进课堂、进头脑要求，尊重教育规律，遵循学科特点，对教材内容进行了更新，着力落实以下要求：

1. 提升教材铸魂育人功能，培育、践行社会主义核心价值观，教育引导学生树立共产主义远大理想和中国特色社会主义共同理想，坚定“四个自信”，厚植爱国主义情怀，把爱国情、强国志、报国行自觉融入建设社会主义现代化强国、实现中华民族伟大复兴的奋斗之中。同时，弘扬中华优秀传统文化，深入开展宪法法治教育。

2. 注重科学思维方法训练和科学伦理教育，培养学生探索未知、追求真理、勇攀科学高峰的责任感和使命感；强化学生工程伦理教育，培养学生精益求精的大国工匠精神，激发学生科技报国的家国情怀和使命担当。加快构建中国特色哲学社会科学学科体系、学术体系、话语体系。帮助学生了解相关专业和行业领域的国家战略、法律法规和相关政策，引导学生深入社会实践、关注现实问题，培育学生经世济民、诚信服务、德法兼修的职业素养。

3. 教育引导学生深刻理解并自觉实践各行业的职业精神、职业规范，增强职业责任感，培养遵纪守法、爱岗敬业、无私奉献、诚实守信、公道办事、开拓创新的职业品格和行为习惯。

在此基础上，及时更新教材知识内容，体现产业发展的新技术、新工艺、新规范、新标准。加强教材数字化建设，丰富配套资源，形成可听、可视、可练、可互动的融媒体教材。

教材建设需要各方的共同努力，也欢迎相关教材使用院校的师生及时反馈意见和建议，我们将认真组织力量进行研究，在后续重印及再版时吸纳改进，不断推动高质量教材出版。

机械工业出版社

前　言

本教材第1版于2009年出版之后，得到了全国各类职业院校的广泛使用。在创意产业快速发展的今天，掌握软件应用技能、平面设计应用技能、提高艺术设计修养是每一个从事设计工作的人员应该关注的三个重要方面。要做好设计工作，这三方面的提升缺一不可。熟练的软件应用技能是实现创意的保证，使用掌握的设计应用技能可快速制作出符合行业规范的作品，较好的设计修养是产生创意和灵感的基础。我们对工作在第一线的老师和相关从业人员做了认真的调查研究，同时进一步学习了相关课程标准，在此基础上将平面设计与思想政治教育相结合，完成了《Photoshop职业应用项目教程 第3版》的修订。

本书采用"制作技能+设计应用"的项目任务编写方式，具有丰富的数字化资源。本书各项目的知识点环环相扣，形成一个能快速提高软件应用技能、设计应用技能的学习体系。希望通过对本书的学习，读者能够完全独立地开展设计工作。

本次修订的主要内容如下：

1. 软件版本全新升级。本书使用Photoshop CC 2021版软件，与之前的版本相比，Photoshop CC 2021有很多全新功能，比如，一键换天空、智能修改表情、超级缩放、黑白片AI上色等。新功能使烦琐的设计步骤模块化、简单化。

2. 素材全新升级。为了更好地提高读者的学习动力、激发学习热情，此次修订中将素材进行了修改与更新。

3. 进行基于"课程思政"教育模式的平面设计教学改革。课程思政建设的基本载体是专业课程。深入梳理专业课教学内容，结合课程的特点、思维方法和价值理念，深入挖掘课程思政元素，并将党的二十大精神有机融入课程教学，达到"润物细无声"的育人效果。

本书由杨银燕、刘银冬任主编，张毅娴、田华任副主编，参与编写的还有倪建晴、孙元立、马立改、李建勋、王鑫、郭永芳和周金静。

由于编者水平有限，书中难免有不妥之处，敬请广大读者批评指正，提出宝贵的意见和建议。

编　者

二维码索引

（续）

序号	名称	图形	页码	序号	名称	图形
17	5.1　教学视频		60	26	项目1　素材	
18	5.2　教学视频		65	27	项目2　素材	
19	6.1　教学视频		74	28	项目3　素材	
20	6.2　教学视频		80	29	项目4　素材	
21	7.1　教学视频		88	30	项目5　素材	
22	7.2　教学视频		96	31	项目6　素材	
23	8.1　教学视频		100	32	项目7　素材	
24	8.2　教学视频		103	33	项目8　素材	
25	8.3　教学视频		109			

目　录

项目1

Photoshop CC 2021进阶之旅

项目情境

Photoshop是Adobe公司旗下一款著名的图像处理软件。它集图像扫描、修整、调色、创意合成于一体，广泛应用在电影、视频、广告、出版、摄影等专业设计领域，同时在日常生活中也有越来越多的人开始使用Photoshop进行图像处理。本项目将从简单的案例着手，开始Photoshop CC 2021进阶之旅。

项目概要

本项目将采用和日常生活息息相关的小任务介绍Photoshop的一些实用技巧，例如，Web所用格式图片的制作与导出、使用透视裁剪工具修正倾斜照片、毛发抠图的新技巧、修正照片瑕疵、一寸照排版等。在完成任务的过程中逐步了解Photoshop的界面和常用操作。

项目学习目标

通过本项目的学习，可初步了解Photoshop的界面；掌握图像文件的新建、打开和存储的相关知识点；了解分辨率、图像大小的设置；能够对图片进行简单的变换、缩放和旋转等编辑操作；初步理解Photoshop图层的概念。

扫一扫
查看教学视频

任务1 Web所用格式图片的制作与导出

任务情境

在浏览交互类网站时，很多人喜欢上传图片与网友交流。让人头疼的是，很多图片尺寸因太大而受到限制，这时就需要对图片的尺寸或格式进行修改。修改图片尺寸与文件大小是一项比较常用的技能，下面一起来学习。

图 1-1

任务实施

1）执行菜单栏中的【文件】/【打开】命令，打开项目1中的素材图片“任务1.jpg”，如图1-1所示。依据网站上传图片限制，需要将它调整到网站所要求的200像素宽度。

温馨提示

若把图片放大到一定倍数，会发现图片其实是由许多色彩相近的小方块组成的，这就是构成图像的最小单元——像素。像素是组成图像的基本单位，由像素组成的图像称为像素图或位图。像素不是图片打印或印刷时的实际尺寸，而是与屏幕分辨率相关的图片屏幕显示尺寸，常与分辨率一起来表示图像的清晰度。

2）执行菜单栏中的【图像】/【图像大小】命令，打开“图像大小”对话框，如图1-2所示。

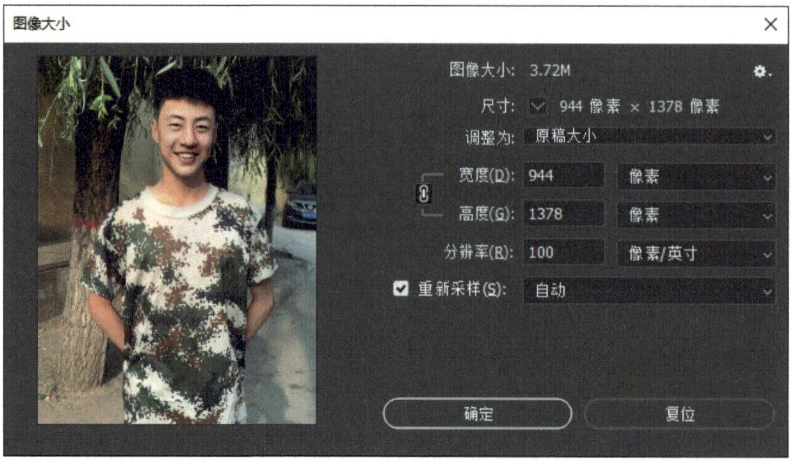

图 1-2

温馨提示

“图像大小”对话框分为两个功能区：图像大小显示和参数设置。单击约束比例按钮后，文档的宽高比例将被锁定，这样可保持图片的比例不变形。选中“重新采样”复选框，这样才能修改图片的尺寸。凡是需要在屏幕上显示的图片，在修改尺寸时，都是通过设置“图像大小”对话框中的宽度和高度来实现。

3）本任务中网站要求图片宽度为200像素，将“图像大小”对话框中的宽度改为200像素。注意：约束比例按钮保持按下状态，重新采样要保持选中状态，如图1-3所示。观察对话框可以发现，“图像大小”由原来的3.72M变为现在的171.1K，说明修改图像的尺寸同样会影响图像大小。当在对话框中取消选中“重新采样”复选框后，更改图像尺寸便不会影响图像大小。

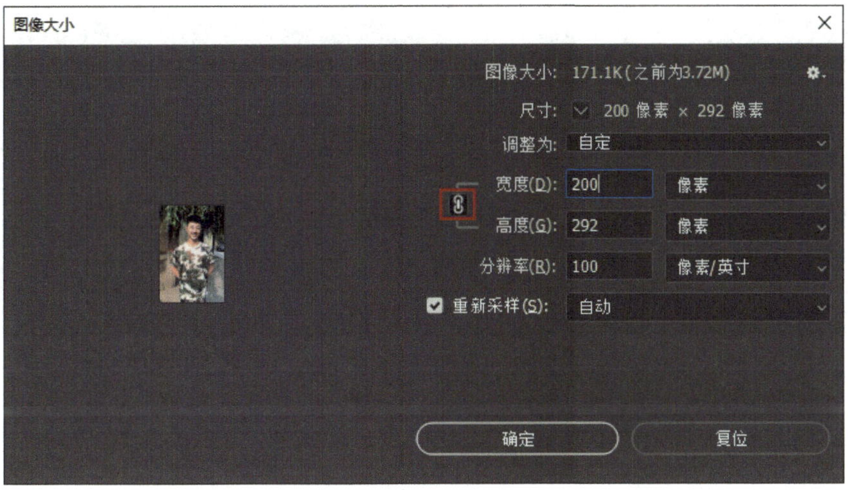

图 1-3

温馨提示

如何判断图片是否适合印刷？以及图片印刷的尺寸为多大可以保持图像清晰？

打开需要用作印刷的素材图片，执行菜单栏中的【图像】/【图像大小】命令，在打开的对话框中取消选中“重新采样”复选框，将“分辨率”改为印刷所需分辨率300像素/英寸。这时，像素大小为灰色不可编辑状态，“宽度”与“高度”就是该图片在印刷时保持清晰度的最大尺寸。在设计印刷作品时，打开标尺并将标尺单位设定为厘米，素材图片的大小按之前“图像大小”对话框中的尺寸进行缩放，即可基本保持印刷的清晰度。网络上的图片，通常为了保证传输速度而经过色彩压缩，有一定的失真，即使尺寸合适，也尽量不要将其作为印刷素材图片使用。

4）执行菜单栏中的【文件】/【存储为】命令，打开“存储为”对话框，选择JPEG格式存储即可。若对图像大小要求比较苛刻，要求文件非常小，而通过“存储为”命令所存储的图像过大，这时可以使用菜单栏中的【文件】/【导出】/【存储为Web所用格式】命令。执行菜单栏中的【文件】/【导出】/【存储为Web所用格式】命令，打开“存储为Web所用格式”对话框，在该对话框中选择JPEG，存储后的文件会更小一些，如图1-4所示。

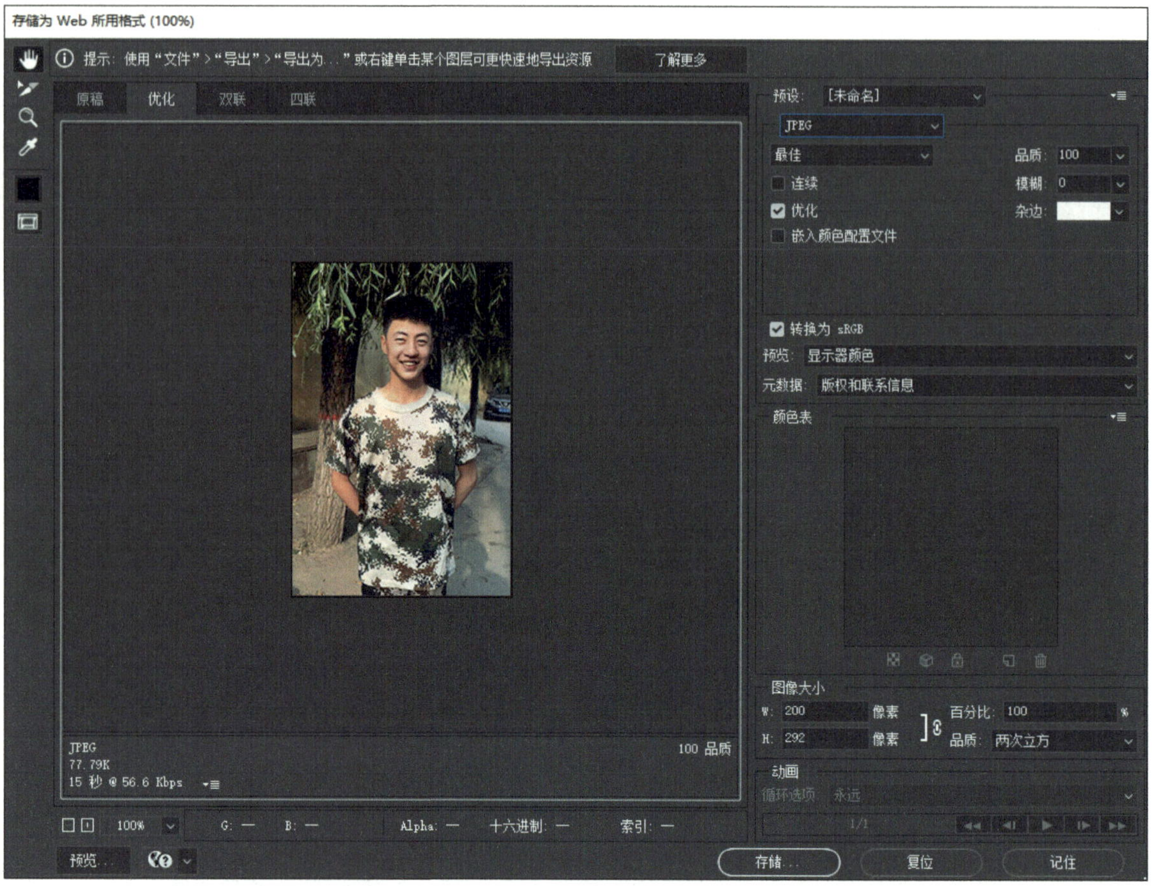

图 1-4

温馨提示

常用的文件存储格式：PSD文件格式是Photoshop默认的存储格式，它支持所有的Photoshop功能，并且可以保留图层、通道、路径等信息以便再次编辑，文件较大；TIF文件格式是一种支持跨平台的文件格式，常见于印刷用图，支持部分Photoshop信息，文件较大；JPG文件格式是目前应用最广泛的数字图片格式，文件较小，色彩逼真，缺点是不支持透明；GIF格式是网络应用最广泛的图片格式，文件非常小，色彩数量少，常用于网页Logo、页面元素、网页缩微图片，支持透明。

任务拓展

请将本任务中的素材图片修改为300像素宽度、大小不超过25k的文件。

提示：在“存储为Web所用格式”对话框中选择JPEG格式后，可以调整“品质”选项进一步修改文件大小。

任务总结

通过本任务的学习，了解了像素与分辨率的基本概念，了解了常用文件格式及区别，掌握了综合使用【图像大小】命令与【存储为Web所用格式】命令修改图片尺寸与文件大小的方法。

任务2 使用透视裁剪工具修正倾斜照片

扫一扫
查看教学视频

任务情境

在日常生活中，许多精彩的照片由于拍摄时照相机没有持平，导致拍摄画面倾斜，影响观看。在Photoshop中，只需要简单的几步操作即可将倾斜的照片调整为正常照片。调整倾斜照片的前后的对比如图1-5所示。

图 1-5

任务实施

1）执行菜单栏中的【文件】/【打开】命令，打开项目1中的素材图片“任务2.jpg”。按快捷键<Ctrl+R>打开标尺，从横标尺中拖出一根水平参考线，可以明显看出照片有一定的倾斜度，如图1-6所示。

图 1-6

温馨提示

如何判断图片是倾斜的？

判断图片是否倾斜，要分两种情况：

第1种：照片拍摄时，照相机在拍摄景物的正面方向，这时要选取照片中的水平线条进行观察，用水平参考线来判断。

第2种：照片拍摄时，照相机在拍摄景物的斜侧方向，这时要选取照片中的垂直线条进行观察，用垂直参考线来衡量。

2）使用工具箱中的透视裁剪工具 ，将鼠标移动到图像一角，沿着图片倾斜的方向分别单击出四个锚点，如图1-7所示。

3）双击网络区域，或按<Enter>键，完成图像的裁剪。最终效果如图1-8所示。

图 1-7

图 1-8

任务拓展

在日常生活中，由于照相机镜头因素造成拍摄的照片透视关系不正常，如图1-9所示，如何调整这类照片呢?

提示：

1）在Photoshop中打开该图片，使用工具箱中的透视裁剪工具，从图片左上角向右下角拖动，使透视裁剪框覆盖整张图片，如图1-10所示。

2）将鼠标指针放在图片右上角，向左拖动透视裁剪框，使透视裁剪框右侧边框与柱子边线平行，如图1-11所示。

3）双击裁剪区域，或按<Enter>键，完成图像的裁剪。最终效果如图1-12所示。

图 1-9

图 1-10

图 1-11

图 1-12

任务总结

通过任务2的学习，掌握了倾斜图片的调整技巧，掌握了Photoshop裁剪工具中透视裁剪工具的使用方法，初步了解了标尺与参考线的使用方法。

任务3　毛发抠图的新技巧

扫一扫
查看教学视频

任务情境

Photoshop CC 2021在毛发抠图方面升级了更为简便的方法。在本任务中，对图像中的人物进行完整的抠图并更换新的背景图像，使图像颜色更加丰富、人物更加突出。修饰前与修饰后的对比如图1-13所示。

图　1-13

任务实施

1）执行菜单栏中的【文件】/【打开】命令，打开项目1中的素材图片“任务3.jpg”，如图1-14所示。

2）执行菜单栏中的【选择】/【主体】命令，将人物的主体轮廓选中，效果如图1-15所示。

图　1-14

图　1-15

3）执行菜单栏中的【选择】/【选择并遮住】命令，进入编辑窗口，在“属性”面板中将“视图模式”设置成“洋葱皮”，如图1-16所示，效果如图1-17所示。

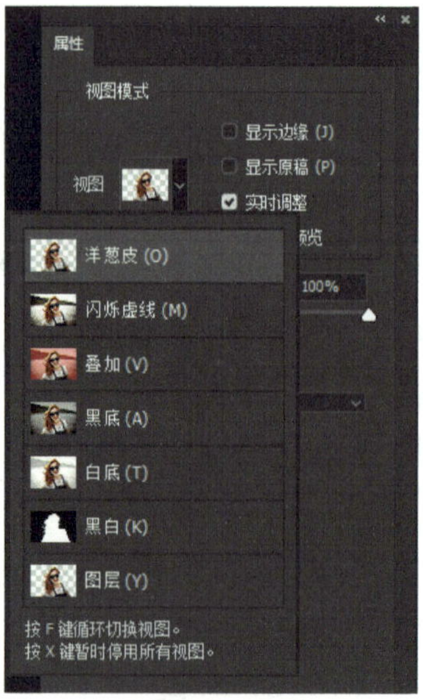

图 1-16

图 1-17

4）在“属性”面板的“输出设置”选项区域中，选中“净化颜色”复选框，将“数量”设置为100%，在“输出到”下拉列表框中选择“新建带有图层蒙版的图层”选项，如图1-18所示。单击“确定”按钮后效果如图1-19所示。

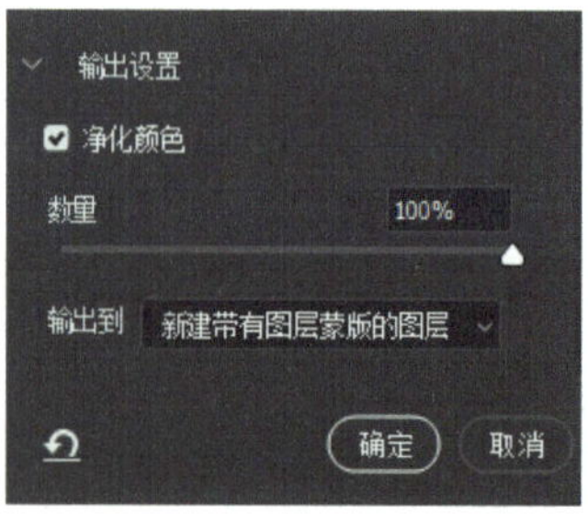

图 1-18

图 1-19

5）执行菜单栏中的【文件】/【打开】命令，打开素材图片“任务3背景.jpg”，并移动图片到任务3文档中，图层排列顺序如图1-20所示，最终效果如图1-21所示。

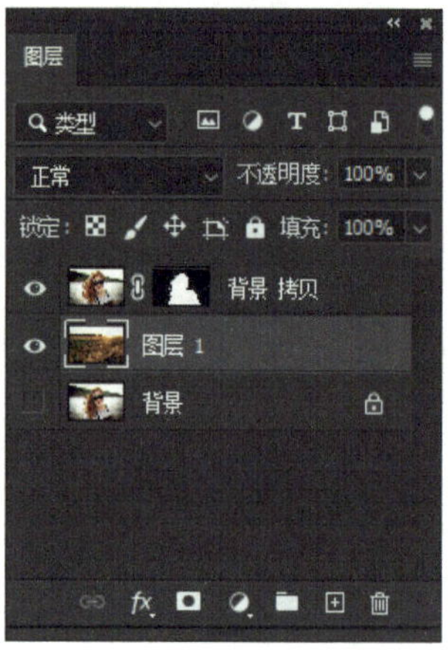

图 1-20

图 1-21

任务拓展

利用本任务中学习的技巧对图1-22中的人物更换背景。

图 1-22

任务总结

本任务通过学习毛发抠图操作，深入了解了Photoshop CC 2021的抠图技巧，重点和难点是【选择并遮住】命令中的参数设置，以及“净化颜色”的正确使用。必须通过大量练习才能精准把握其中的分寸，使毛发抠图的效果更加细致和精确。

任务4 修正照片瑕疵

扫一扫
查看教学视频

任务情境

照片中的瑕疵，如风景照片中突兀的旅游者、地面的垃圾、建筑物上的涂鸦，甚至是网上下载图片上的文字水印，难倒了许多初学者。在本任务中，将使用并不“高深”的Photoshop技巧，轻松去除照片中的瑕疵，效果如图1-23所示。

图 1-23

任务实施

1）执行菜单栏中的【文件】/【打开】命令，打开项目1中的素材图片“任务4.jpg”。可以看到，花丛中突兀地出现了一个旅游者，如何让其从风景中消失是本任务的重点。执行菜单栏中的【选择】/【主体】命令，做出选区，如图1-24所示。

图 1-24

2）按<Alt>键，配合椭圆选择工具进行减选区操作，效果如图1-25。

3）执行菜单栏中的【选择】/【修改】/【扩展】命令，单击确定完成选区扩展，效果如图1-26所示。

图 1-25

图 1-26

4）执行菜单栏中的【编辑】/【内容识别填充】命令，参数设置如图1-27所示，单击“确定”按钮后效果如图1-28所示。

5）合并“背景 拷贝”图层到“背景层”图层，然后选择工具箱中的仿制图章工具，配合<Alt>键对远处的草坪、近处的花草等细节部分进行修补，如图1-29所示。

图 1-27

图 1-28

图 1-29

温馨提示

执行菜单栏中的【视图】/【放大】命令，可以增加图像的显示比例，或使用快捷键<Ctrl+ +>。执行菜单栏中的【视图】/【缩小】命令，可以缩小图像的显示比例，或使用快捷键<Ctrl+ ->。

任务拓展

使用本任务中的【内容识别填充】命令，结合仿制图章工具，将图1-30中的人物去除。

图 1-30

任务总结

【编辑】菜单中的【内容识别填充】命令简单实用，处理一般图片瑕疵已经足够，但对于细节要求较高的修图并不适用。例如，人物脸部精修时需要精细把握的脸部骨骼、肌肉走向等；具有强烈重复规律的图片，如栏杆、网格等。这些情况就需要使用修复类工具，依靠使用者的长期修图经验，进行综合处理。

任务5 一寸照片排版

扫一扫
查看教学视频

任务情境

生活中常有急需一寸照片而又来不及拍摄的情况，这时如果能够使用Photoshop将已有照片修改为一寸照片，将会十分方便。在本任务中，将使用普通照片制作一寸照片，并进行排版，效果如图1-31所示。

图 1-31

任务实施

1）执行菜单栏中的【文件】/【打开】命令，打开项目1中的素材图片“任务5.jpg”，使用工具箱中的矩形选框工具，选择人物的头部区域，如图1-32所示。

2）执行菜单栏中的【文件】/【打开】命令，打开素材图片“一寸照背景女.PSD”，将一寸照人物中的矩形选区复制到其中，得到“图层1”。在“图层”面板中，将“图层1”放到“衣服”图层下面，如图1-33所示。

图 1-32

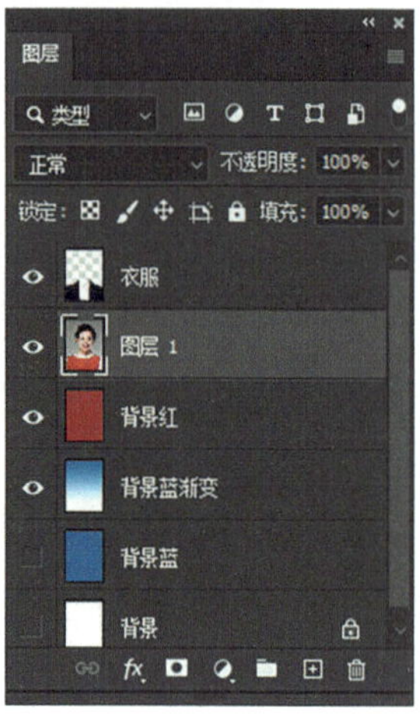

图 1-33

3）按快捷键<Ctrl+T>，对“图层1”中的人物进行放大操作。注意应使人物脖子宽度和衣领宽度相匹配，如图1-34所示。

4）选择工具箱中的快速选择工具，在人物的背景部分单击建立选区，如图1-35所示。在快速选择工具的选项栏中单击“选择并遮住”按钮 选择并遮住... ，在“属性”面板中设置“半径”为1像素、“平滑”为20%、“羽化”为1像素、“对比度”为20%，如图1-36所示。

5）按快捷键<Ctrl+Shift+I>，将选区反转，得到人物选区，并对该选区添加图层蒙版，效果如图1-37所示。

6）选择工具箱中的画笔工具，将画笔的“硬度”设置为80，“不透明度”设为100%。在蒙版中，依据头发的起伏将人物图片上残存的背景擦去，效果如图1-38所示。

图 1-34

图 1-35

图 1-37

图 1-38

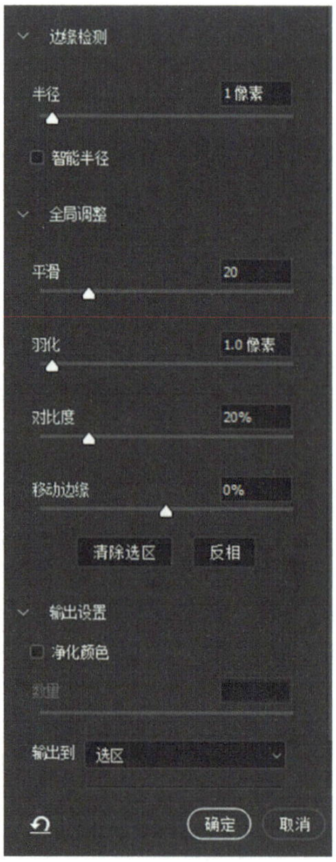

图 1-36

7）为将人物脸部细节表达得更清晰一些，对“图层1”执行菜单栏中的【滤镜】/【锐化】/【智能锐化】命令，在弹出的“智能锐化”对话框中设置“数量”为100%、“半径”为2.0像素、“减少杂色”为40%，如图1-39所示。

8）执行菜单栏中的【图像】/【画布大小】命令，在“画布大小”对话框中选中“相对”复选框，设置“宽度”和“高度”均为0.4厘米，如图1-40所示。此时，照片周围添加了一圈白色边框。

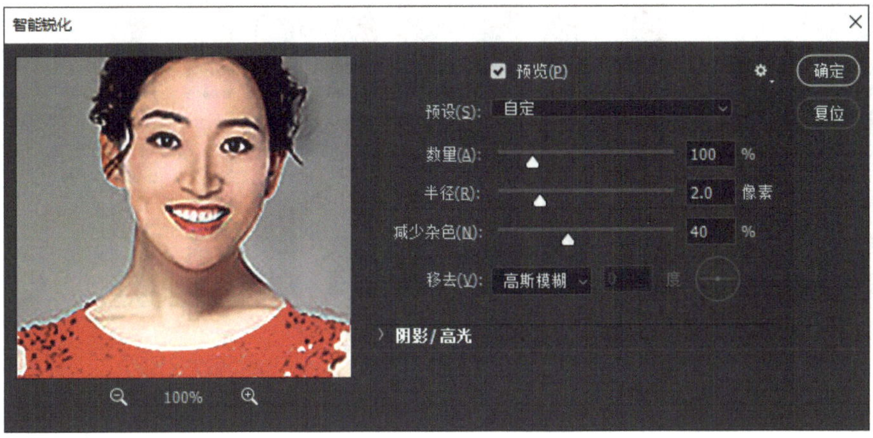

图 1-39

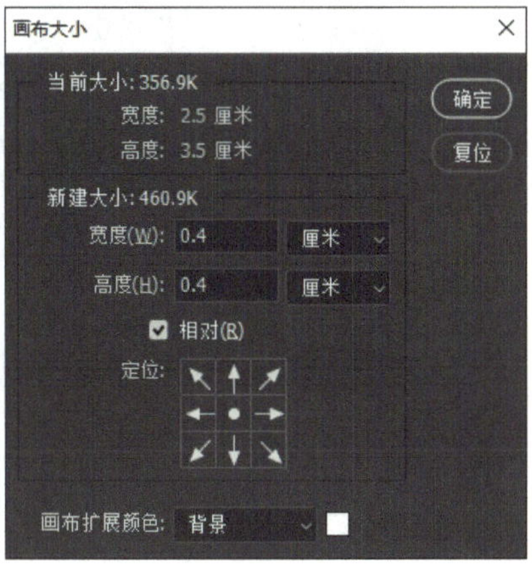

图 1-40

9）执行菜单栏中的【编辑】/【定义图案】命令，将做好的一寸照存储为图案，如图1-41所示。

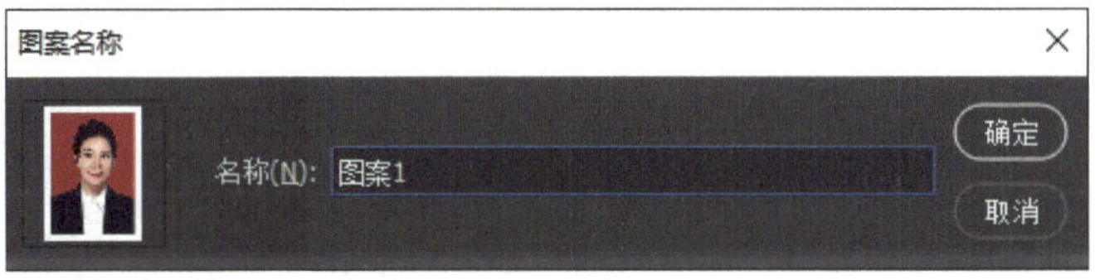

图 1-41

10）执行菜单栏中的【文件】/【新建】命令，在“新建文档”对话框中设置文件“宽度”为11.6厘米、“高度”为7.8厘米、“分辨率”为300像素/英寸，如图1-42所示。

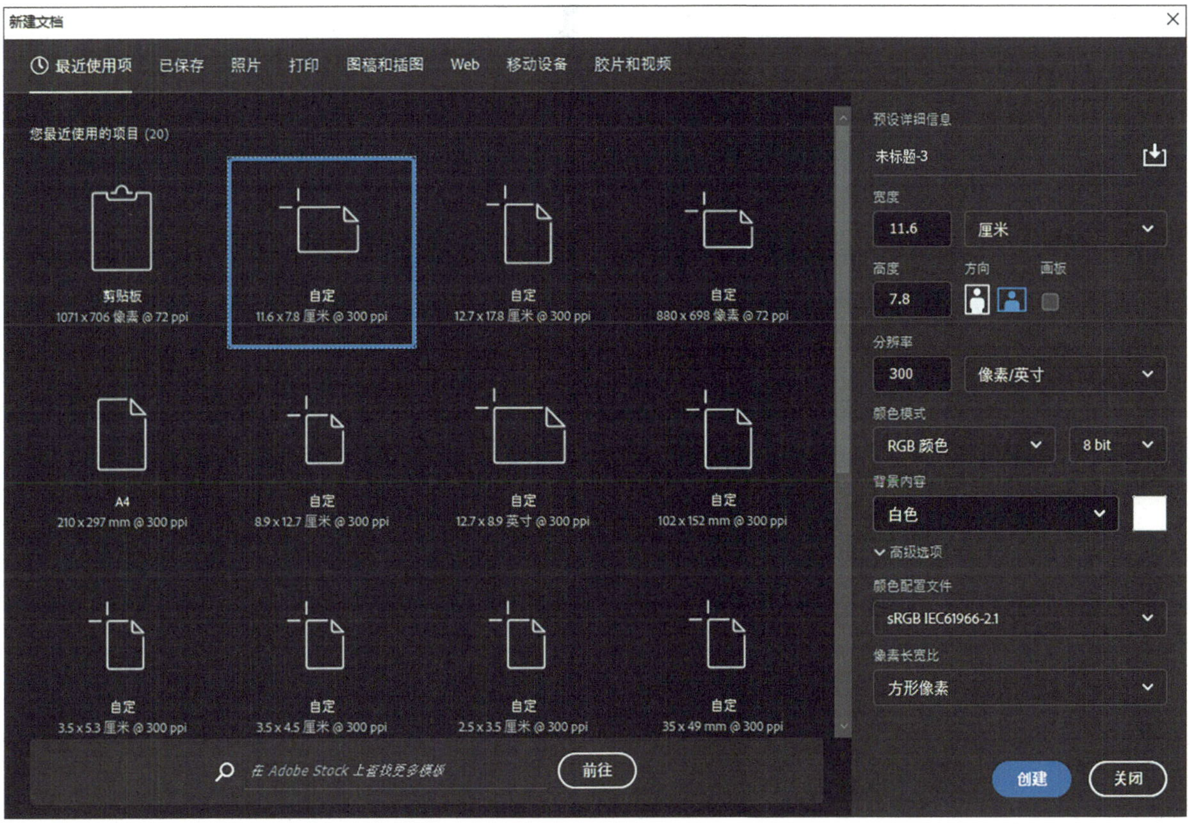

图 1-42

11）执行菜单栏中的【编辑】/【填充】命令，在“填充”对话框中选择使用图案填充，在自定图案列表中选择刚才定义的图案，如图1-43所示。

12）单击“确定”按钮，最终结果如图1-44所示。

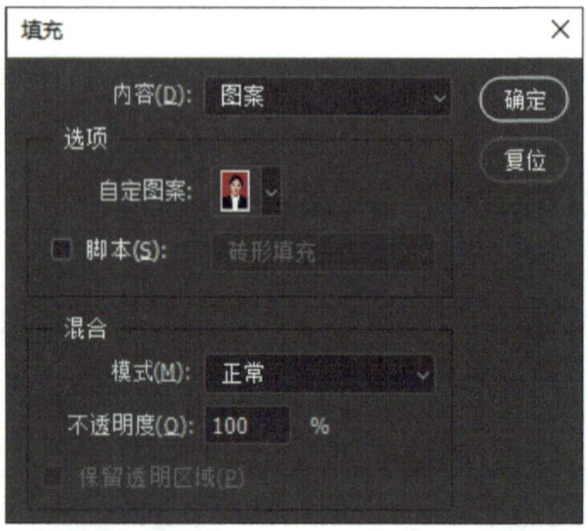

图　1-43

图　1-44

任务拓展

请通过本任务中使用的方法，用图1-45所示的照片制作一寸照并排版。

图　1-45

任务总结

通过本任务的学习，能够掌握一寸照的制作与排版方法，熟悉Photoshop的界面，并会用简单的工具创建选区，掌握编辑蒙版的技巧等。

项目2

精雕细琢之人像修饰

项目情境

时尚人像摄影中，人物是拍摄的主题，人物的情绪与状态是表达目的。而人脸虽然面积很小，但是其所占的视觉比重永远是最大的。在人像摄影作品中，人物的头部就是重点。研究人像修图，先从头部说起。

项目概要

由于光线、光源、环境、照相机等因素的影响，有时候照片和想象有些偏差。本项目主要讲解在不同情况下照片的修饰调整及处理技巧。通过本项目的学习，可以学会在不同情况下照片如何调整，减少照片的废弃率，提高照片质量。

项目学习目标

通过本项目的学习，可以掌握人物面部修饰技巧、体型修饰技巧，并学会使用钢笔工具为照片添加装饰。

任务1 牙齿美白

扫一扫
查看教学视频

任务情境

本任务给出的素材为牙齿有瑕疵的人像摄影图，在用作人物形象宣传时不够美观。通过选区建立调整图层进行局部牙齿美白。修饰前与修饰后的对比如图2-1所示。

图 2-1

任务实施

1）执行菜单栏中的【文件】/【打开】命令，打开项目2中的素材图片“任务1.jpg”。按快捷键<Ctrl+J>复制背景，得到“图层1”，如图2-2所示。

2）使用工具箱中的缩放工具将人物局部放大，使用多边形套索工具，制作牙齿选区，如图2-3所示。

图 2-2

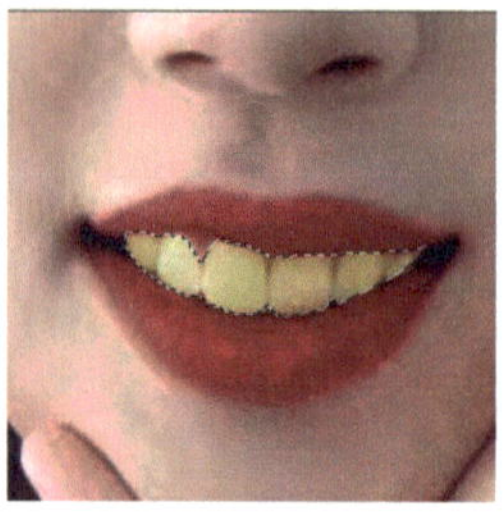

图 2-3

3）执行【选择】/【修改】/【羽化】命令，适当羽化选区，如图2-4所示。

4）得到羽化选区，如图2-5所示。

图 2-4

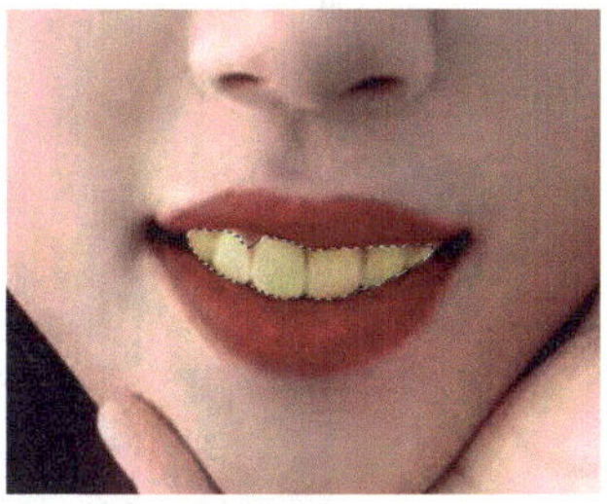

图 2-5

5）单击“图层”面板下方的建立“调整图层”按钮，建立“色相/饱和度”调整图层，降低黄色饱和度，如图2-6和图2-7所示。

6）按<Ctrl>键的同时单击“色相/饱和度”的图层蒙版缩览图，载入选区，如图2-8所示。

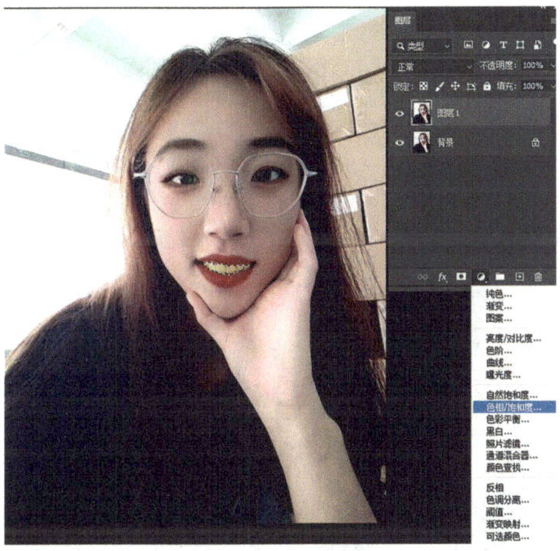

图 2-6

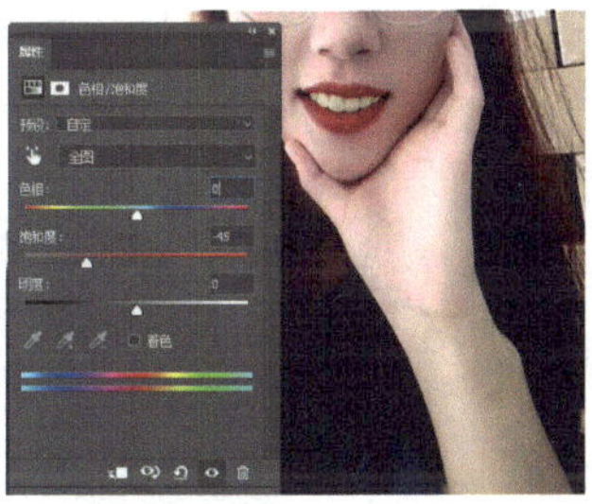

图 2-7

图 2-8

7）建立“色阶”调整图层，调整色阶滑块达到理想效果，如图2-9和图2-10所示。

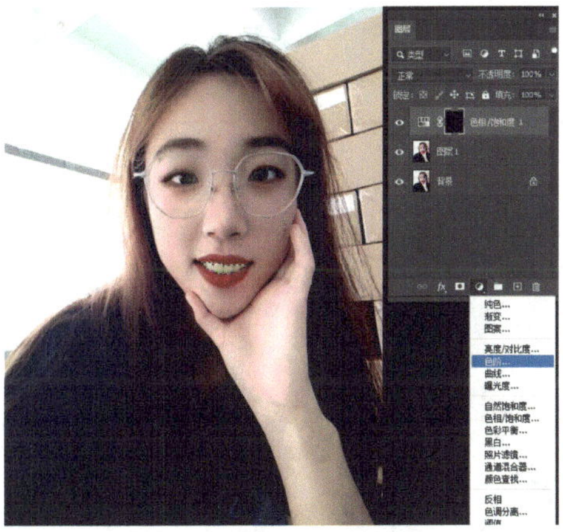

图 2-9

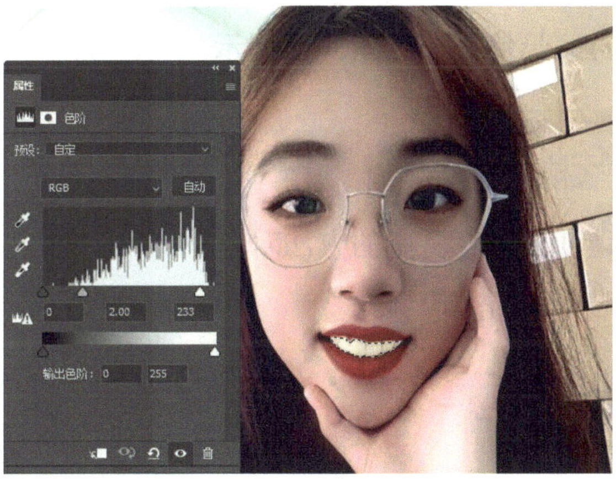

图 2-10

8）用同样的方法，按<Ctrl>键的同时单击色阶的图层蒙版缩览图，载入选区。建立“曲线”调整图层，如图2-11所示。

9）调整曲线使牙齿阴影部分表现更加自然，如图2-12所示。

图　2-11

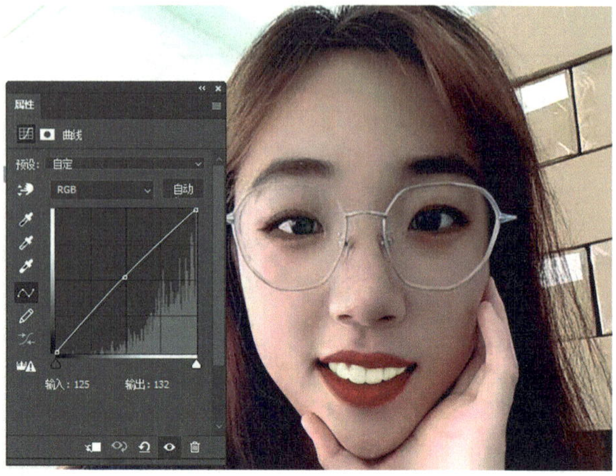

图　2-12

10）恢复图片视图比例，选中“曲线”调整图层（见图2-13），整体调整曲线填充度，使牙齿颜色亮白、自然，如图2-14所示。

图　2-13

图　2-14

11）最终效果如图2-15所示。

任务拓展

请使用本任务中的方法对图2-16所示的照片进行牙齿美白调整。

任务总结

通过本任务的学习，可以掌握使用羽化工具及色相/饱和度、色阶、曲线等调整图层为人像进行牙齿美白修饰的方法。

图　2-15

图　2-16

任务2 皮肤修饰

扫一扫
查看教学视频

任务情境

磨皮一般采用图层蒙版的方法，但对于要求不高的情况，此操作显得复杂。本任务给出的素材为面部皮肤不细致的人像摄影图，通过将高斯模糊与历史记录有效结合的方法进行皮肤修饰。修饰前与修饰后的对比如图2-17所示。

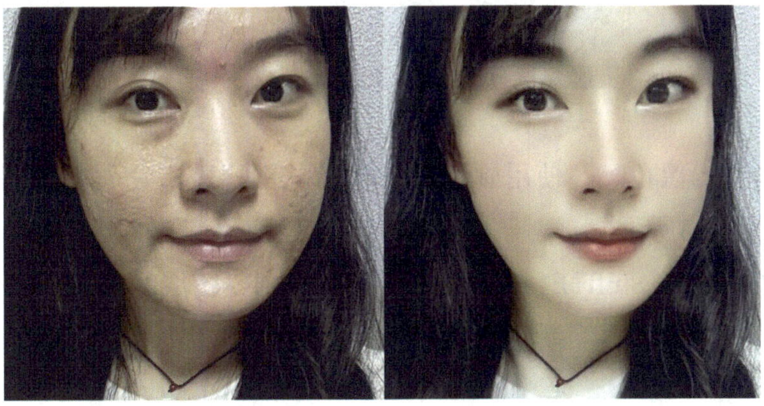

图 2-17

任务实施

1）执行菜单栏中的【文件】/【打开】命令，打开项目2中的素材图片“任务2.jpg”。皮肤瑕疵较多，影响整体美观。按快捷键<Ctrl+J>复制“背景”图层，得到“图层1”，如图2-18所示。

2）使用修补工具和仿制图章工具去除人像皮肤上较大的瑕疵，如图2-19所示。

3）按快捷键<Ctrl+Alt+2>提取高光选区，如图2-20所示。

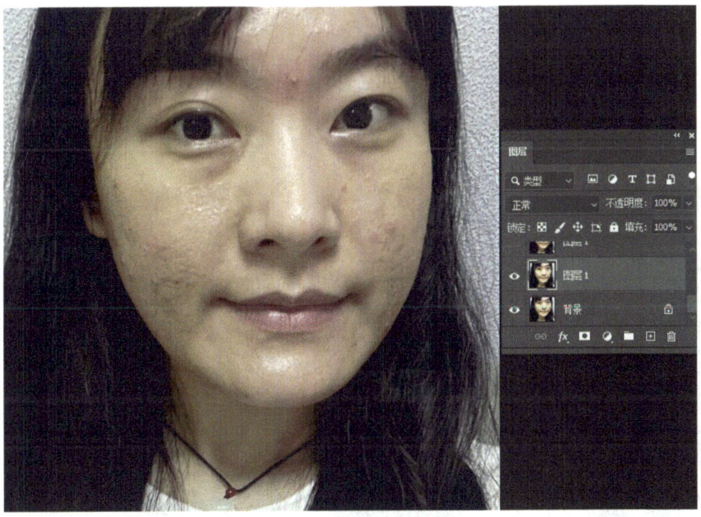

图 2-18

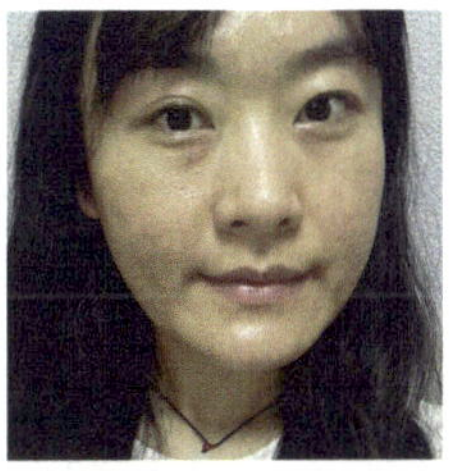

图 2-19

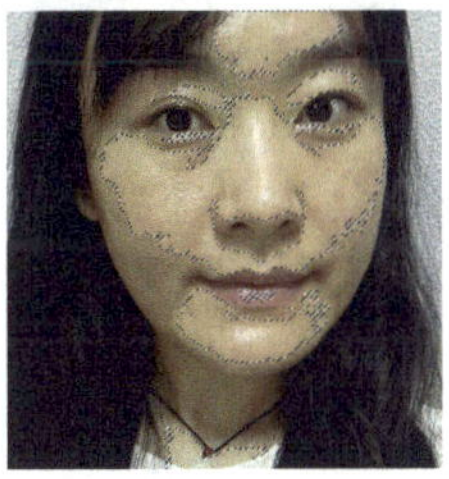

图 2-20

4）按快捷键<Ctrl+Shift+I>反选选区后，建立“曲线”调整图层，如图2-21所示。调整曲线提亮暗部区域，如图2-22所示。

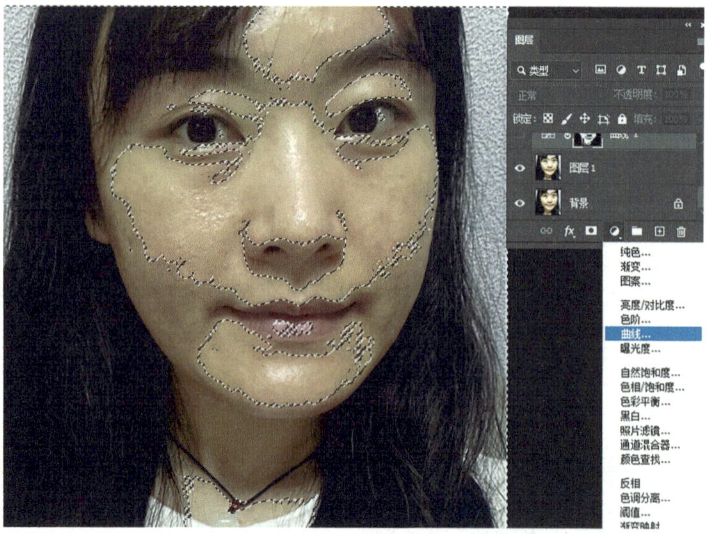

图 2-21

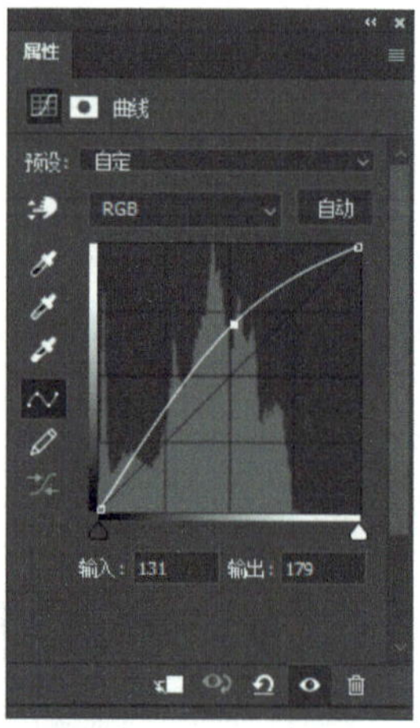

图 2-22

5）将前景色设置为黑色，使用画笔工具涂抹图层蒙版缩览图人像背景部分，恢复原来的背景效果，如图2-23所示。

6）按快捷键<Ctrl+Alt+Shift+E>盖印可见图层，得到“图层2”，如图2-24所示。

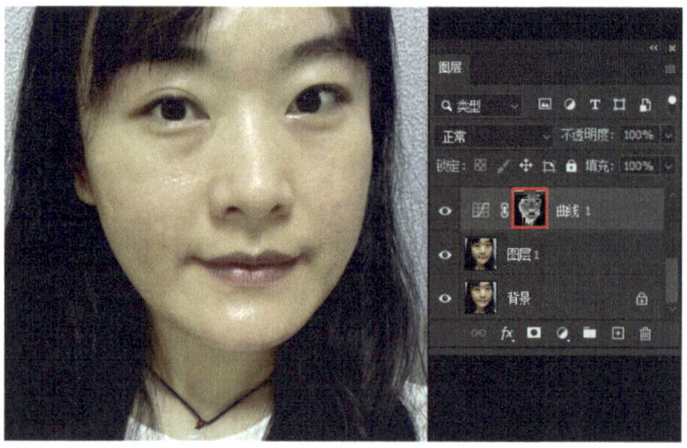

图 2-23

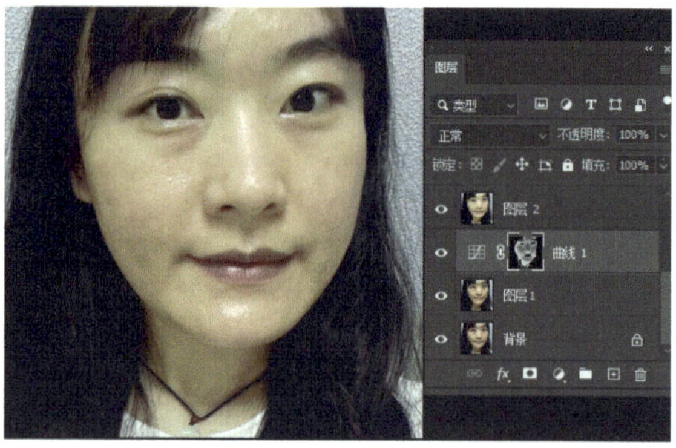

图 2-24

7）执行【滤镜】/【模糊】/【高斯模糊】命令，在“高斯模糊”对话框中打散色块，起到磨皮的作用，如图2-25所示。模糊效果如图2-26所示。

8）执行【窗口】/【历史记录】命令，打开“历史记录”面板，设置“盖印可见图层”为历史画笔的源，如图2-27所示。

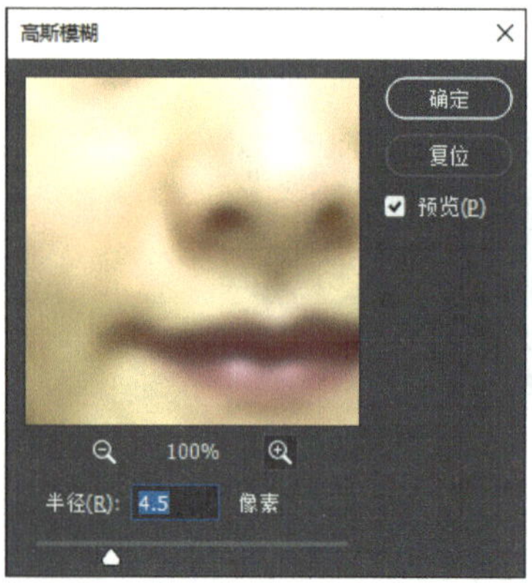

图 2-25

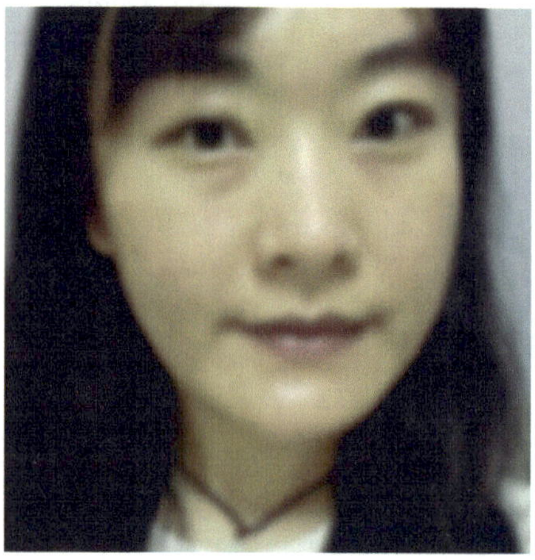

图 2-26

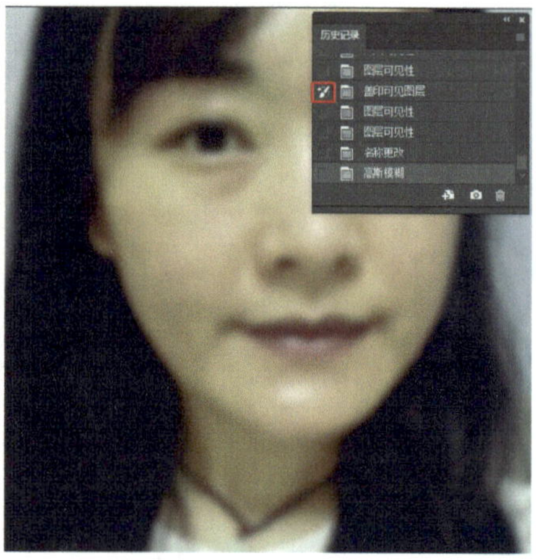

图 2-27

9）选择历史记录画笔工具，设置“不透明度”为30%、“大小”为70（画笔大小可随需要调整）、“硬度”为0，如图2-28所示。在人像五官处涂抹，使五官清晰起来，效果如图2-29所示。

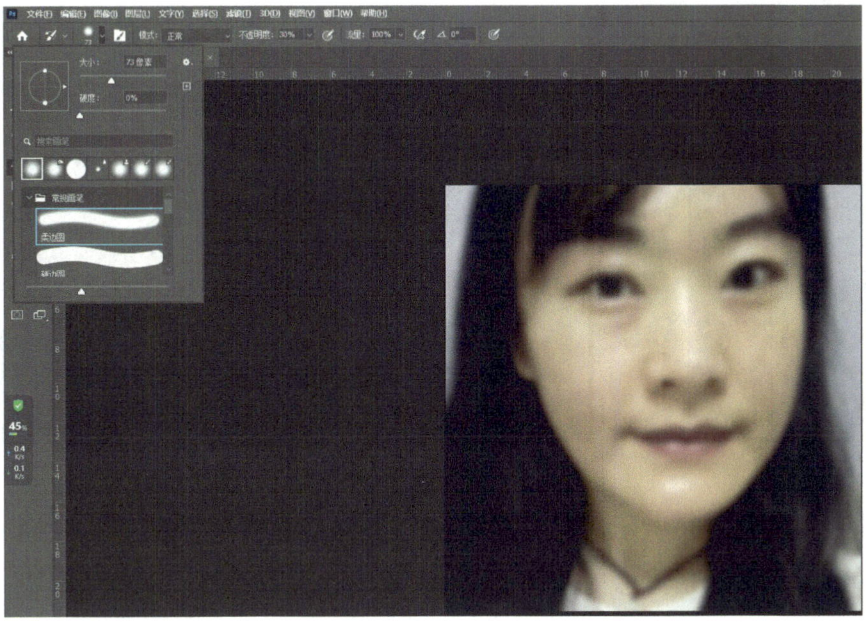

图　2-28

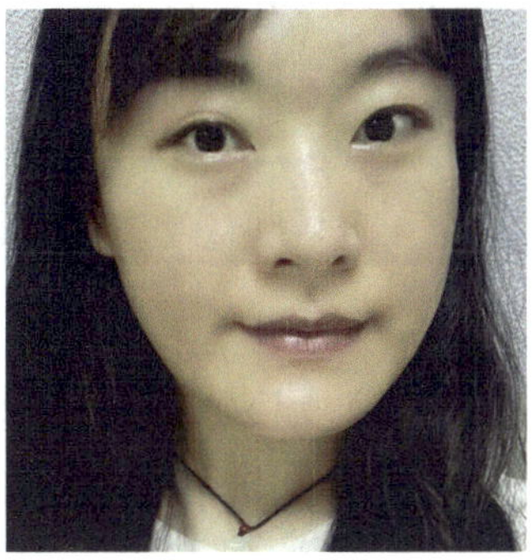

图　2-29

10）建立“色相/饱和度”调整图层，如图2-30所示。打开“色相/饱和度”属性面板，参数设置如图2-31所示。降低饱和度后的效果如图2-32所示。

图　2-30

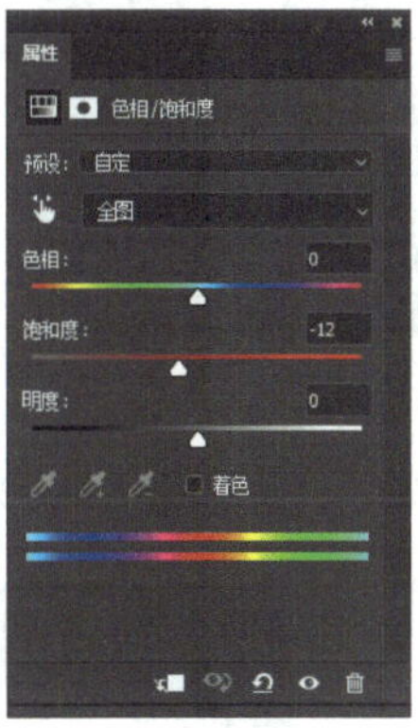

图　2-31

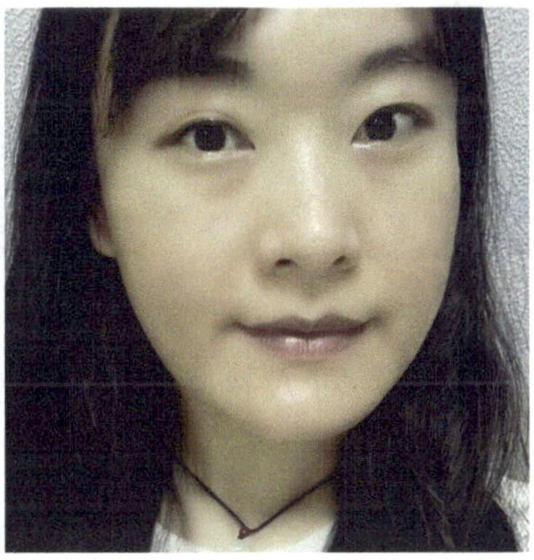

图　2-32

温馨提示

一般来说，低饱和度的人像摄影更耐看，更值得回味，这就是为什么在人物处理中有降低饱和度这一步骤。

11）建立“可选颜色”调整图层，如图2-33所示。打开“可选颜色”属性面板，参数设置如图2-34所示。增加图像灰部色调，使人物更具细节感。设置不透明度为85%，最后效果如图2-35所示。

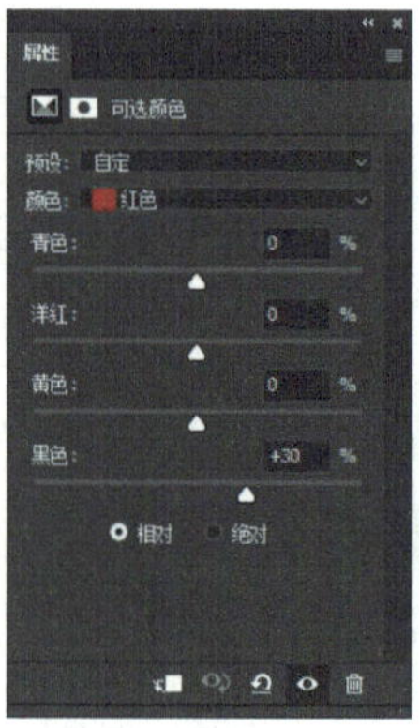

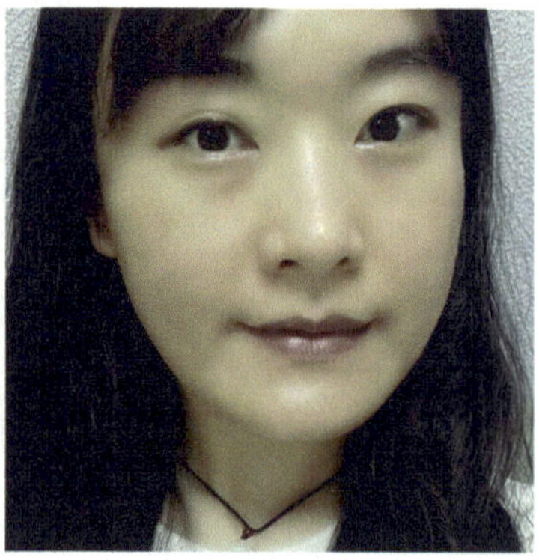

图　2-33　　　　图　2-34　　　　图　2-35

12）建立“色阶”调整图层，如图2-36所示。打开“色阶”属性面板（见图2-37），拖动色阶滑块，提亮亮部、加重暗部，使人物立体感更强，效果如图2-38所示。

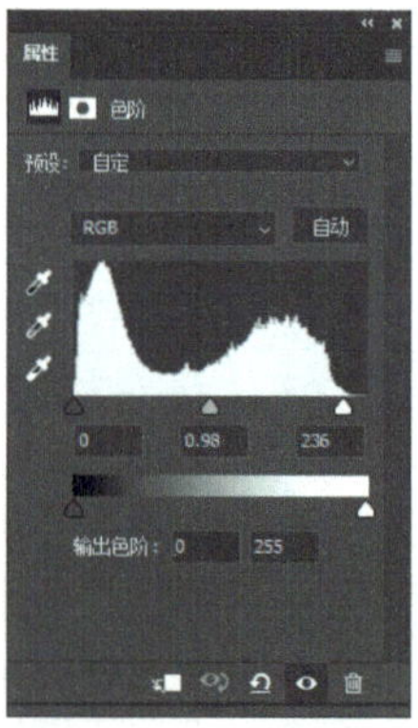

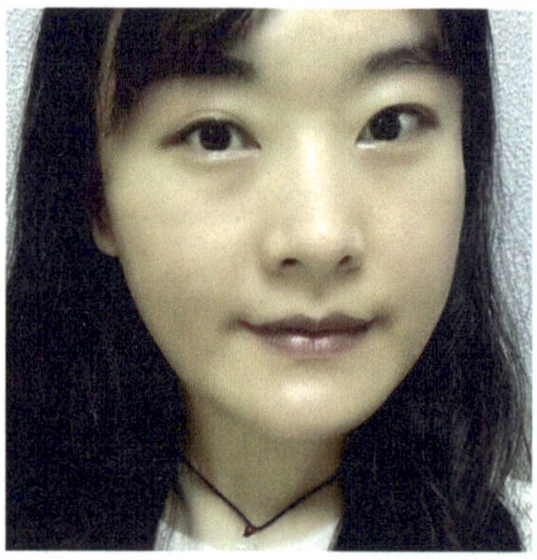

图　2-36　　　　图　2-37　　　　图　2-38

13）对人物嘴唇、眼睫毛、腮红做进一步修饰，最终效果如图2-39所示。

图　2-39

任务拓展

请使用本任务中讲述的方法对图2-40所示的摄影照片进行皮肤修饰。

图 2-40

任务总结

通过本任务的学习，掌握修补工具、仿制图章工具、历史记录画笔工具的使用方法；深化学习曲线、色相/饱和度、可选颜色、色阶调整图层的使用方法。

任务3 照片装饰

扫一扫
查看教学视频

任务情境

当对照片的装饰性有要求，而前期拍摄不能满足的时候，就需要使用Photoshop进行后期处理。本任务给出的素材照片比较淡雅，通过为其添加装饰增强画面意境感，使其具有较高的装饰性。修饰前与修饰后的对比如图2-41所示。

图 2-41

任务实施

1）执行菜单栏中的【文件】/【打开】命令，打开项目2中的素材图片“任务3.jpg”，如图2-42所示。

2）使用钢笔工具在照片左侧位置绘制一个有尖角的椭圆闭合路径，如图2-43所示。

3）用同样的方法继续绘制路径，注意控制路径的走向，形状尽量圆润。绘制的蝴蝶翅膀的大轮廓如图2-44所示。

图 2-42

图 2-43

图 2-44

4）按快捷键<Ctrl+ +>放大视图，绘制不规则路径，以此作为蝴蝶的头部，如图2-45所示。注意头部和翅膀的距离要紧凑，如图2-46所示。

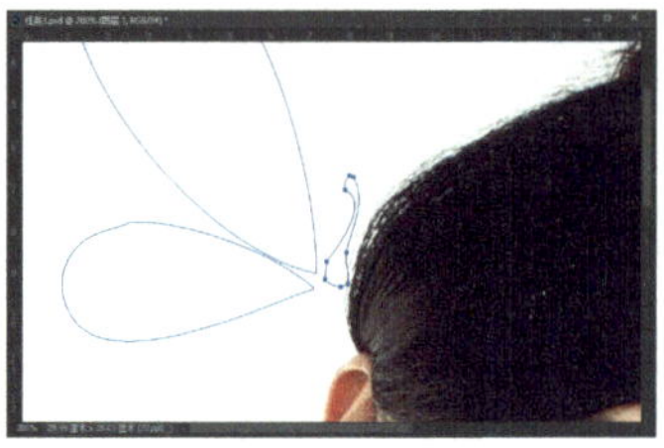

图 2-45

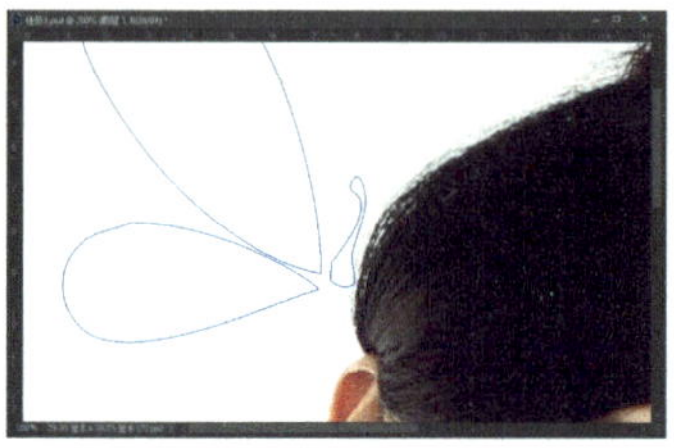

图 2-46

温馨提示

钢笔工具的使用规律是通过锚点连接路径，单击确定起点锚点，落下一个锚点的时候，单击则出现直线路径，长按并拖拽出现曲线路径。制作曲线路径时，注意拖拽的角度和距离，以达到需要的曲线效果。若最后一个锚点落于起点锚点处，则整个路径为闭合路径，否则为开放路径。

5）继续绘制柔和的长条状路径作为蝴蝶的身体，如图2-47所示。此时，蝴蝶整体轮廓绘制完毕。按快捷键<Ctrl+ –>恢复视图，效果如图2-48所示。

6）新建图层，得到“图层1”。按快捷键<Ctrl+Enter>将路径转化为选区，如图2-49所示。将前景色设置为红色，色值为C:14、M:96、Y:78、K:0。按快捷键<Alt+Delete>为选区填充前景色，效果如图2-50所示。

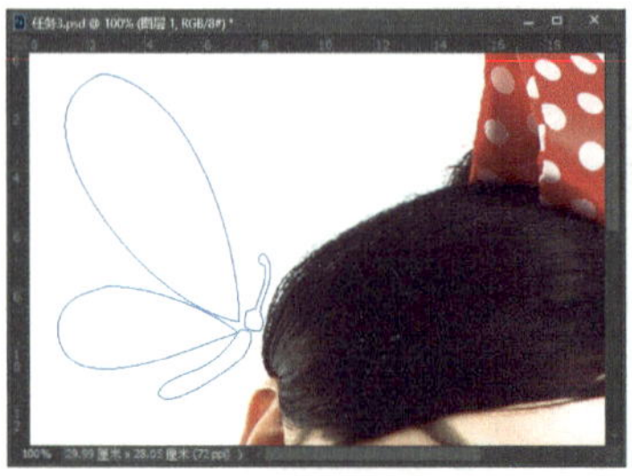

图 2-47

图 2-48

图 2-49

图 2-50

7）按快捷键<Ctrl+D>取消选区。按快捷键<Ctrl+ +>放大视图，继续使用钢笔工具为蝴蝶翅膀添加纹饰，如图2-51所示。新建图层，得到“图层2”，设置前景色为白色，按快捷键<Alt+Delete>填充白色，如图2-52所示。

8）新建图层，得到“图层 3”。使用椭圆选框工具绘制一个椭圆选区，填充为白色，如图2-53所示。

9）按快捷键<Ctrl+T>旋转椭圆至合适位置，按<Enter>键确定，再按快捷键<Ctrl+D>取消选区，如图2-54所示。

图　2-51

图　2-52

图　2-53

图　2-54

10）按<Ctrl>键的同时单击“图层3”缩览图（见图2-55），使选区再次出现，使用椭圆选框工具下移选区，如图2-56所示。

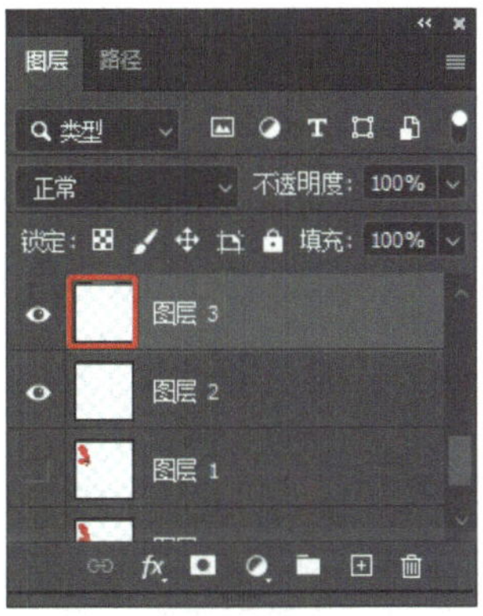

图　2-55

图　2-56

11）按<Delete>键删除选区内的蓝色，按快捷键<Ctrl+D>取消选区，得到月牙形图案，如图2-57所示。按快捷键<Ctrl+T>适当调整位置，如图2-58所示。

12）新建图层，得到“图层4”。使用椭圆选框工具，按<Shift>键的同时拖动鼠标，绘制圆形选区，填充白色，如图2-59所示。用同样的方法绘制出其他圆形，调整好位置，如图2-60所示。

图　2-57

图　2-58

图　2-59

图　2-60

温馨提示

每一次填充颜色之前要新建图层，以保证每个圆形分别在独立图层，方便调整圆形的大小和位置。

13）用同样的方法为蝴蝶的另一片翅膀绘制花纹，如图2-61所示。

图　2-61

14）单击选中“图层1”，按<Ctrl>键单击“图层1”缩览图，载入蝴蝶轮廓选区。将前景色设置为深红、背景色设置为浅红，色值分别为（C:53，M:100，Y:96，K:38）、（C:12，M:90，Y:62，K:0）。使用渐变工具，按照图2-62中绿色箭头的方向拖拽，为选区填充径向渐变。

图　2-62

15）按快捷键<Ctrl+D>取消选区并选中所有图层（背景层除外），右击选择“链接图层”命令，将蝴蝶所有图层链接。使用移动工具将蝴蝶放置在合适位置，如图2-63所示。

图 2-63

16）最终效果如图2-64所示。

图 2-64

任务拓展

请依据本任务中讲述的方法，使用钢笔工具绘制路径，为图2-65所示的照片添加装饰。

图 2-65

任务总结

通过本任务的学习，能掌握钢笔工具的使用方法，理解路径的概念，学会使用路径，自主为照片添加合适的装饰。

项目3

完美成像之图像曝光与色彩的校正

项目情境

对摄影来说，除了环境、人物以外，光线也是必不可少的外界条件之一。光线可以直接影响色彩。室内摄影可以人工补光，外景摄影中光线的调整性就比较被动了。Photoshop拥有强大的图像调色功能，可以有效地改变局部和整体色彩，使图像“变废为宝”。作为设计师，无论身处哪个领域都要熟练掌握Photoshop的调色工具，把视觉效果调整到最佳状态。

项目概要

本项目主要通过照片对比的方式，展示了Photoshop具有解决曝光和调色问题的功能。通过解决原始照片的颜色缺陷，根据创作意图改变图像整体或局部的颜色，从而改变图片的意境。

项目学习目标

通过本项目的学习，继续深化调整图层的使用方法，掌握Photoshop调色功能的运用，解决照片的色彩问题。

任务1 让图像亮起来

扫一扫
查看教学视频

任务情境

本任务所给素材是一张人物外景照片，原照片拍摄时曝光不足，光线昏暗。本任务综合运用多种调色工具美化图片色彩，让图片明亮清新。调整前与调整后的对比如图3-1所示。

图 3-1

任务实施

1）执行菜单栏中的【文件】/【打开】命令，打开项目3中的素材图片“任务1.jpg”。按快捷键<Ctrl+J>复制背景，得到“图层1”，如图3-2所示。

2）单击“图层”面板下方的创建新的填充或调整图层按钮，建立“曲线”调整图层，如图3-3所示。打开“曲线”属性面板，调整曲线，如图3-4所示，将图像画面调亮。效果如图3-5所示。

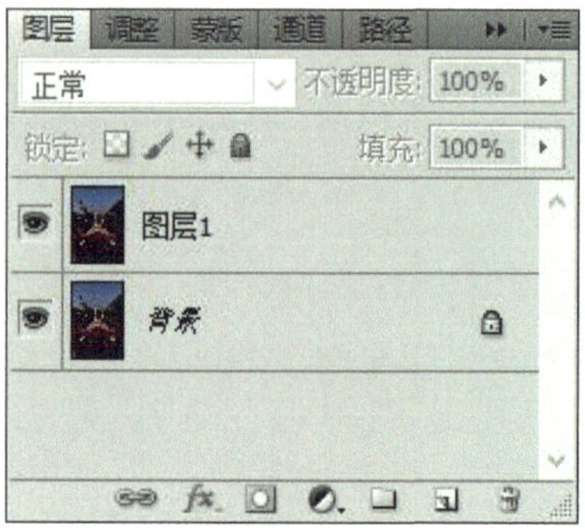

图 3-2

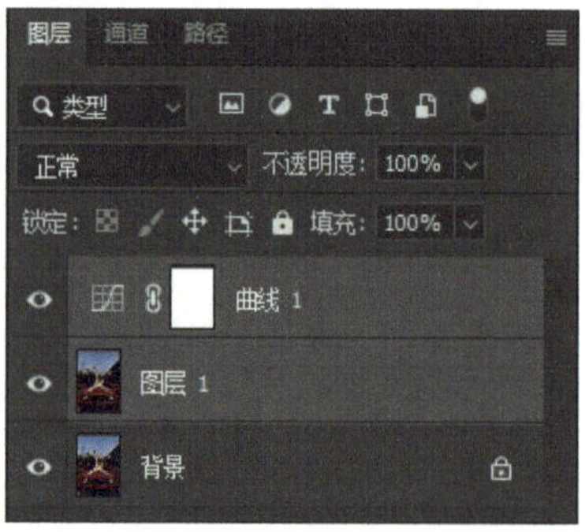

图 3-3

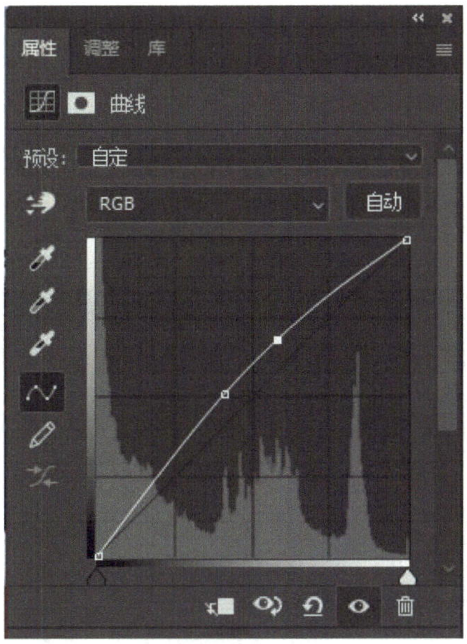

图 3-4

图 3-5

3）建立“色阶”调整图层，打开“色阶”属性面板，如图3-6所示。调整参数，使画面整体变亮，效果如图3-7所示。

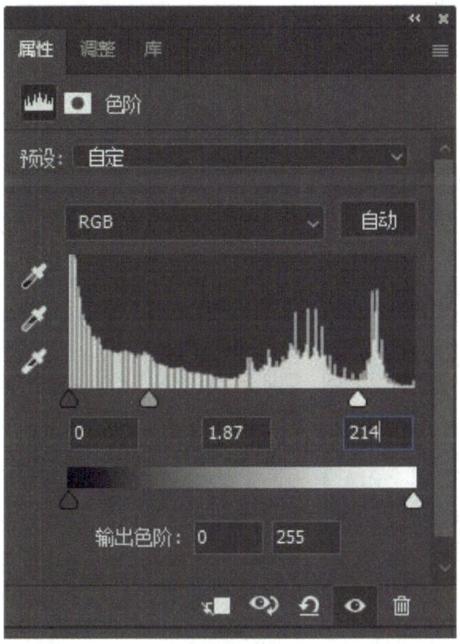

图 3-6

图 3-7

温馨提示

用“色阶”进行调整，可以平衡图像的对比度、饱和度及灰度，可以修复原图像中暗淡的色调。

4）打开“色阶”属性面板，选择“绿”通道，调整滑块，加强图像中绿色色调，如图3-8所示 。

5）打开“色阶”属性面板，选择“蓝”通道，调整滑块，加强图像中蓝色色调，如图3-9所示。

6）建立"亮度/对比度"调整图层，如图3-10所示。打开"亮度/对比度"属性面板，调整参数，增强画面对比，如图3-11所示。

7）建立"色相/饱和度"调整图层，如图3-12所示。打开"色相/饱和度"属性面板，选择"黄色"，调整参数，增加画面的黄色饱和度，如图3-13所示。

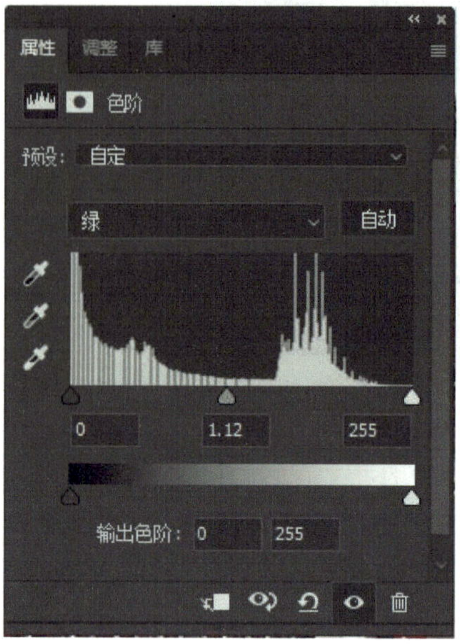

图　3-8

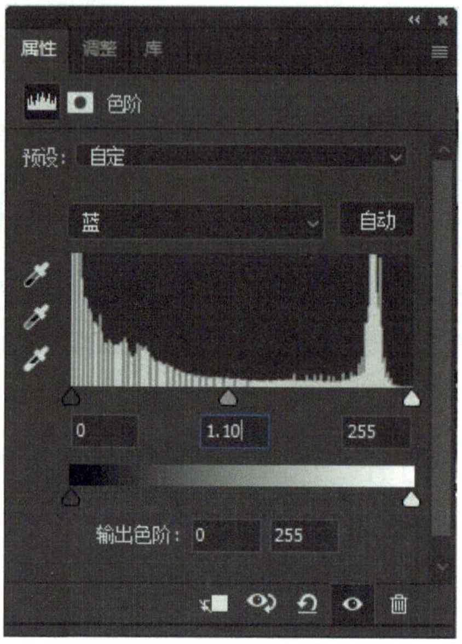

图　3-9

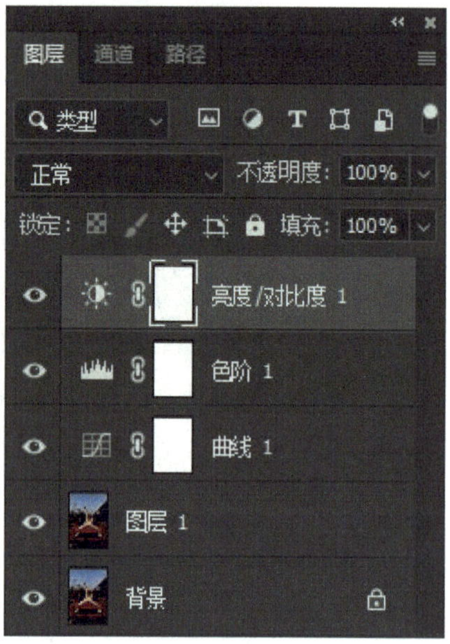

图　3-10

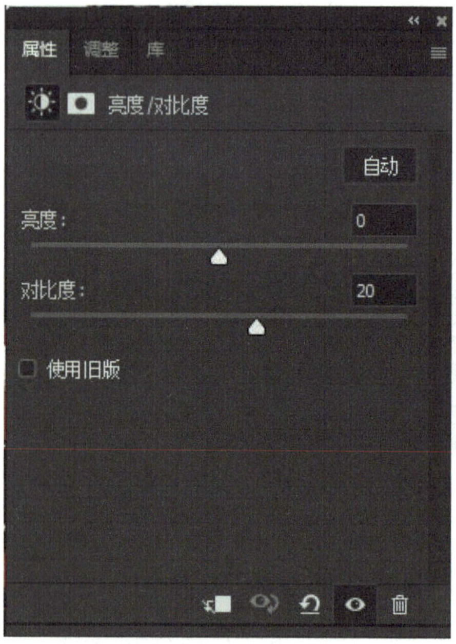

图　3-11

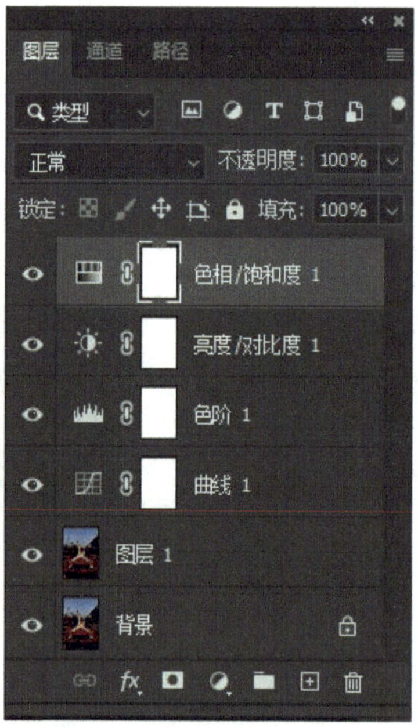

图　3-12

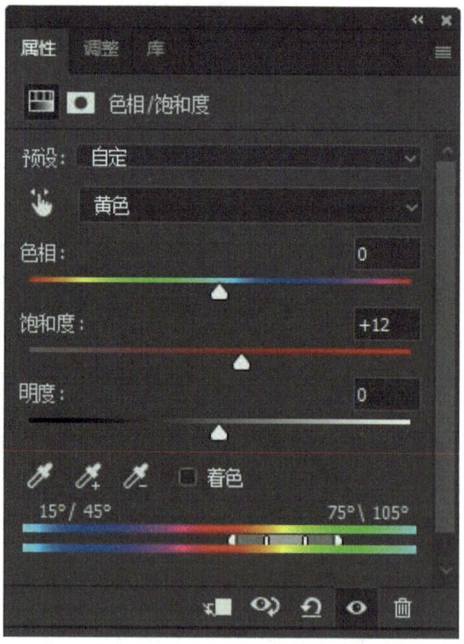

图　3-13

8）仍然在"色相/饱和度"属性面板，选择"全图"，调整参数，降低整体饱和度，使画面清新自然，如图3-14所示。

9）单击选中"图层1"，按快捷键<Ctrl+J>复制"图层1"，得到"图层1拷贝"图层。执行【滤镜】/【其他】/【高反差保留】命令，如图3-15所示。打开"高反差保留"对话框，参数设置如图3-16所示。

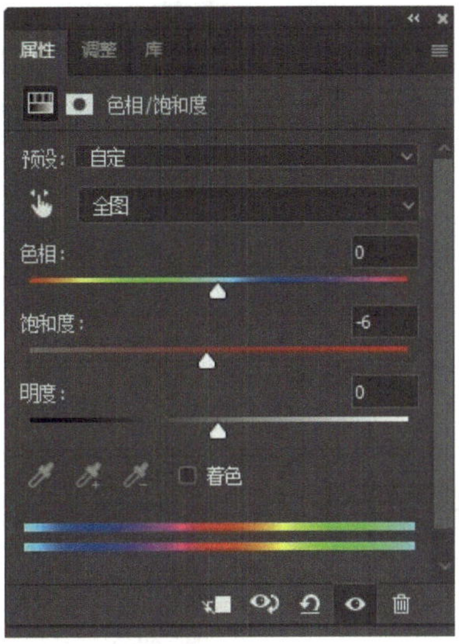

图 3-14

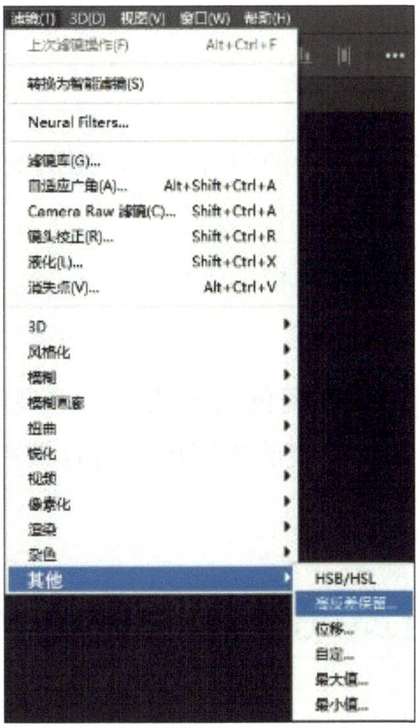

图 3-15

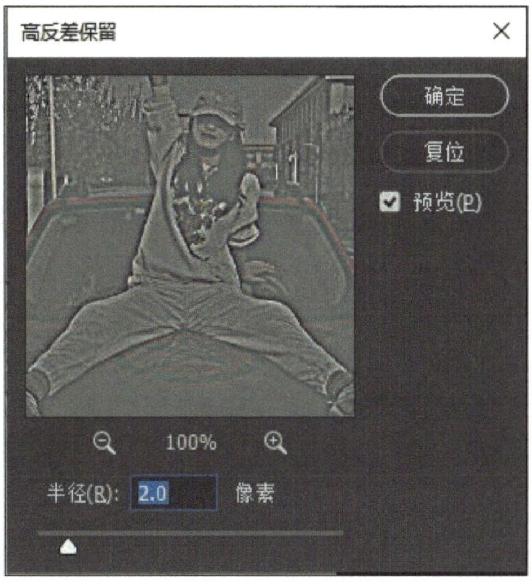

图 3-16

10）选择图层混合模式为“柔光”，柔和画面色彩，如图3-17和图3-18所示。

11）最终效果如图3-19所示。

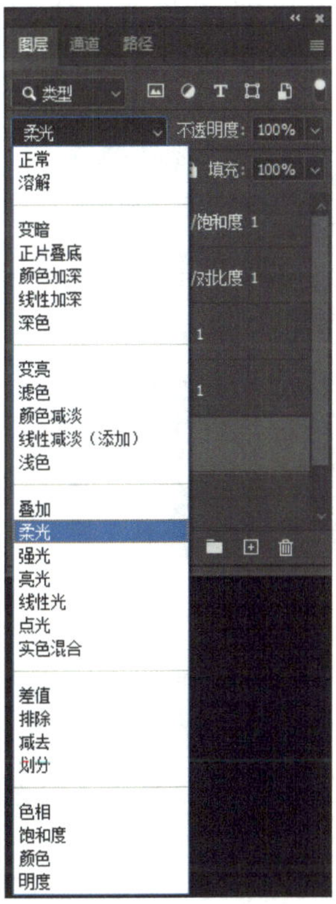

图 3-17

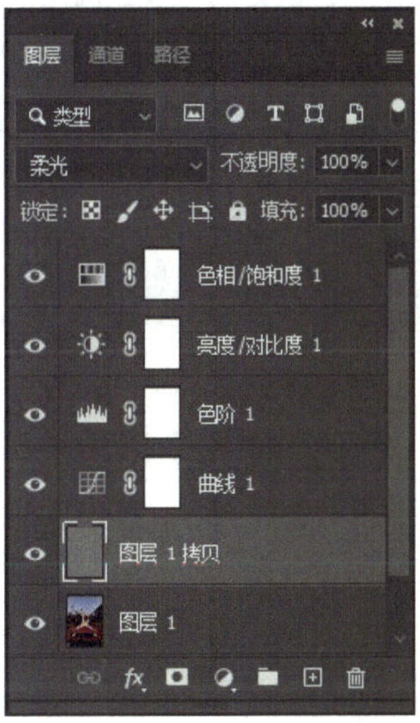

图 3-18

图 3-19

温馨提示

“高反差保留”滤镜可以通过删除亮度过度变化的部分图像，保留色彩变化最大的部分，使图像中的阴影消失而突出亮点，与浮雕效果类似。

任务拓展

请使用本任务讲述的方法对图3-20所示的照片进行色彩的调整，使其明亮起来。

任务总结

通过本任务的学习，能够掌握为画面调色的方法，使用亮度/对比度调整图层、色阶调整图层等为色彩暗淡的摄影照片进行调整。

图　3-20

任务2　压暗曝光还原图像本来面目

扫一扫
查看教学视频

任务情境

本任务给出的素材为曝光过度的室外摄影照片，光线过于强烈的时候容易出现这样的拍摄失误。如果只因曝光过度就将照片弃之不用未免可惜，Photoshop可以对图像进行压暗曝光的调整，使其“变废为宝”。调整前与调整后的对比如图3-21所示。

图　3-21

任务实施

1）执行菜单栏中的【文件】/【打开】命令，打开项目3中的素材图片“任务2.jpg”。按快捷键<Ctrl+J>复制“背景”图层，得到“图层1”图层，如图3-22所示。

2）打开“通道”面板，分别单击查看“红”“绿”“蓝”三色通道（见图3-23～图3-25），发现“红”通道有大块白斑，而其他两色通道正常。确定“红”通道需要调整。

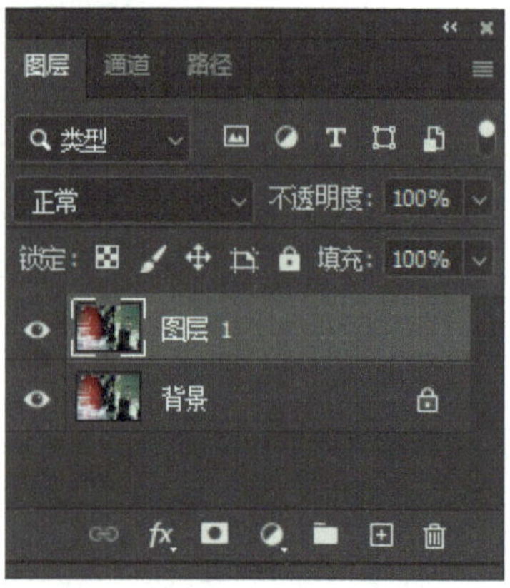

图　3-22

图 3-23

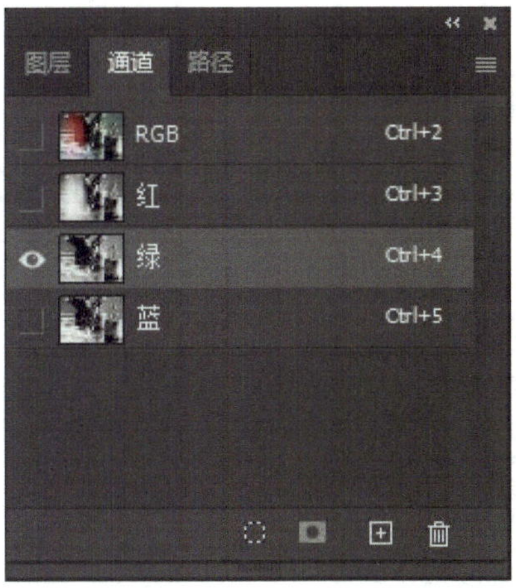

图 3-24

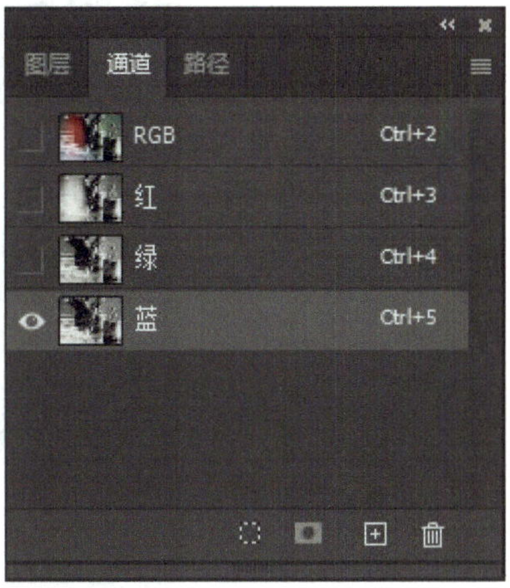

图 3-25

3）单击“RGB”混合通道恢复图像色彩，回到“图层”面板。使用套索工具选中图像中曝光过度的红色区域，如图3-26所示。

4）执行【选择】/【修改】/【羽化】命令（见图3-27），打开“羽化选区”对话框，参数设置如图3-28所示。得到的羽化选区如图3-29所示。

5）添加“通道混合器”调整图层，如图3-30所示。打开“通道混合器”属性面板，选择“输出通道”为“红”，参数调整如图3-31所示。

图 3-26

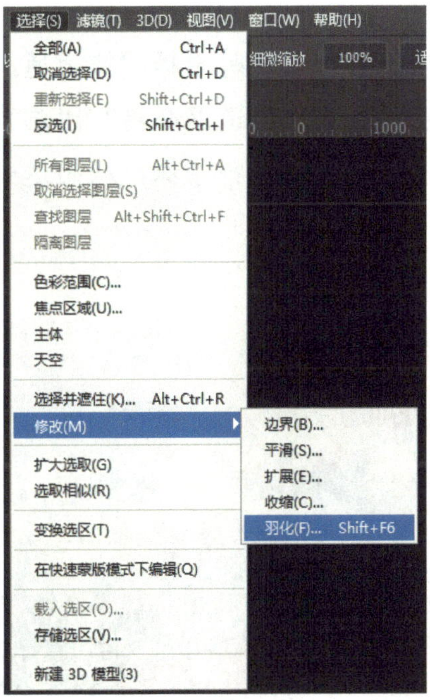

图 3-27

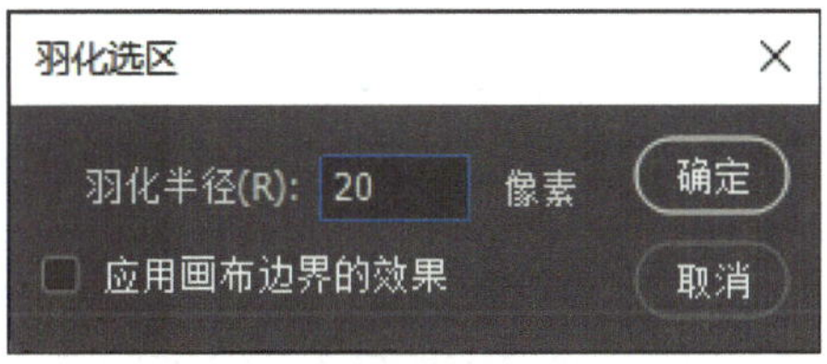

图 3-28

图 3-29

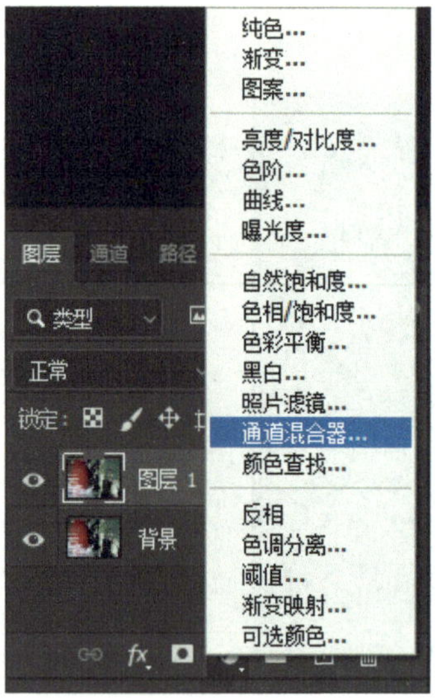

图 3-30

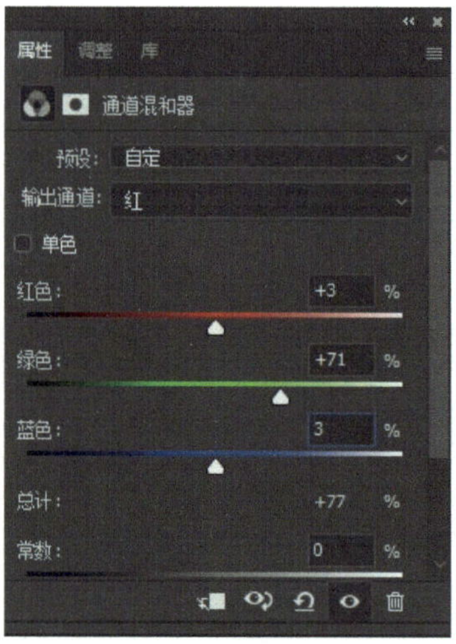

图 3-31

6）达到理想效果，如图3-32所示。

7）最终效果如图3-33所示。

图 3-32

图 3-33

温馨提示

通过观察通道发现红通道异常，所以在使用“通道混合器”调整时选择“输出通道”为“红”。如果在调整之后发现仍然有曝光过度的部分，可以选中“通道混合器”图层蒙版缩览图，将前景色设置为白色，使用画笔工具在曝光过度的部分进行涂抹，从而达到理想效果。

任务拓展

请使用本任务讲述的方法对图3-34所示的曝光过度的图像进行调整。

图 3-34

任务总结

通过本任务的学习，可以掌握“通道混合器”调整图层的使用，掌握曝光过度图像的调整方法。

任务3　校正灰蒙蒙的景色

扫一扫
查看教学视频

任务情境

风景照片的拍摄对外界光线有着较高的要求。在日常拍摄中，因曝光不足而使图像色彩饱和度欠缺，呈现出灰蒙蒙的景色，同样也可以用Photoshop对其进行调整，使其达到明亮鲜艳的视觉效果。调整前与调整后的对比如图3-35所示。

图　3-35

任务实施

1）执行菜单栏中的【文件】/【打开】命令，打开项目3中的素材图片“任务3.jpg”。图像整体灰暗，视觉上给人压抑感。按快捷键<Ctrl+J>复制“背景”图层，得到“图层1”图层，如图3-36所示。

2）建立“曲线”调整图层，如图3-37所示。打开“曲线”属性对话框，整体提亮，如图3-38所示。

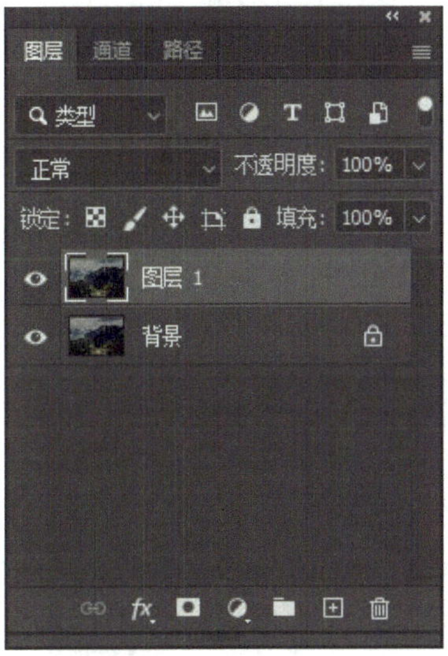

图　3-36

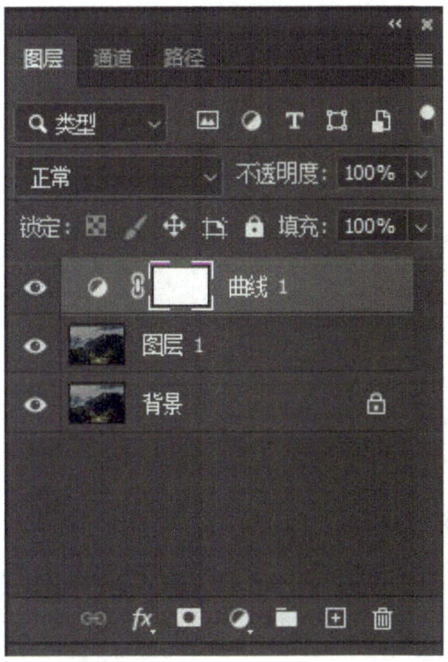

图　3-37

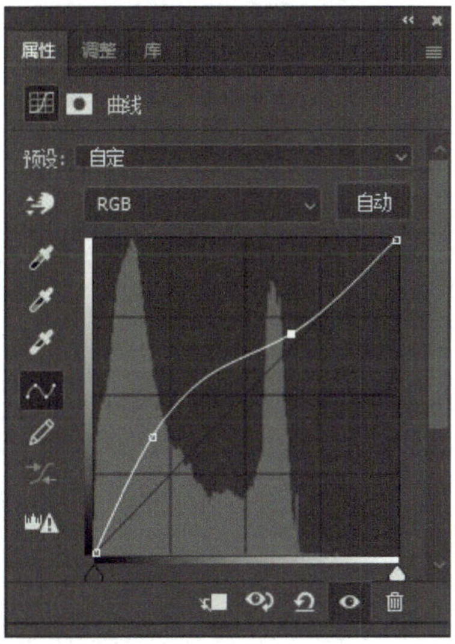

图　3-38

3）建立“可选颜色”调整图层，如图3-39所示。打开“可选颜色”属性面板，分别针对“黄色”和“绿色”进行调整，参数设置如图3-40和图3-41所示。

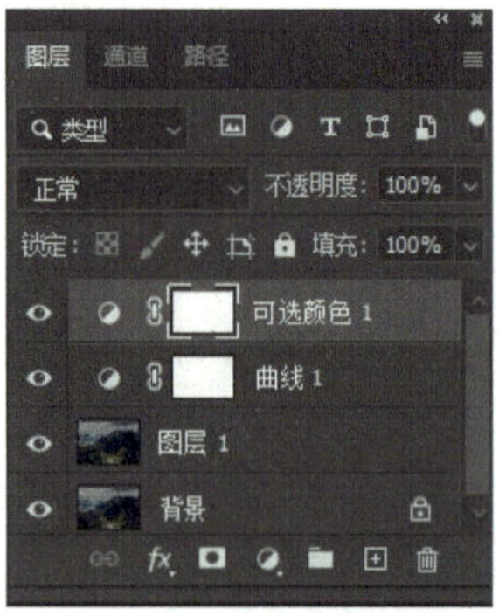

图 3-39

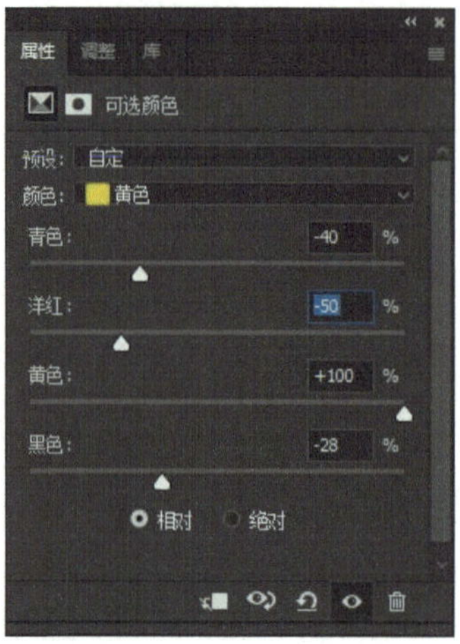

图 3-40

图 3-41

4）建立“色相/饱和度”调整图层，如图3-42所示。打开“色相/饱和度”属性面板，提高图像饱和度，参数设置如图3-43所示。

5）建立“照片滤镜”调整图层，如图3-44所示。单击“颜色”按钮，在打开的“拾色器”中选取照片滤镜颜色，色值及其他参数设置如图3-45所示。

6）使用套索工具选中图像的天空部分，如图3-46所示。

7）执行【选择】/【修改】/【羽化】命令（见图3-47），打开“羽化选区”对话框，参数设置如图3-48所示。羽化效果如图3-49所示。

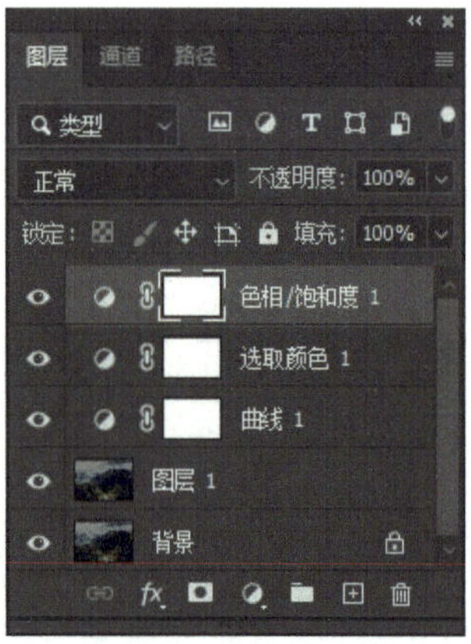

图 3-42

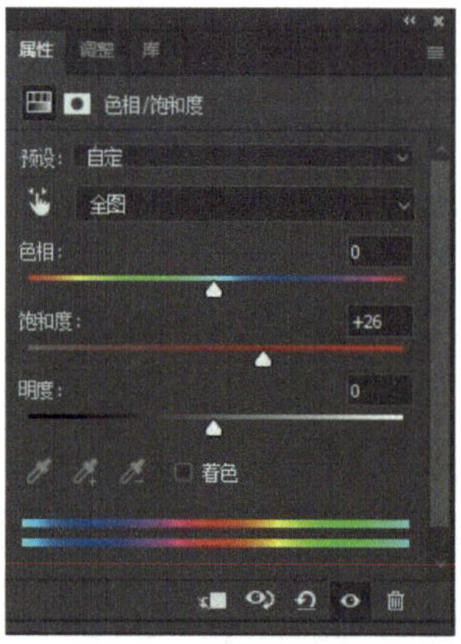

图 3-43

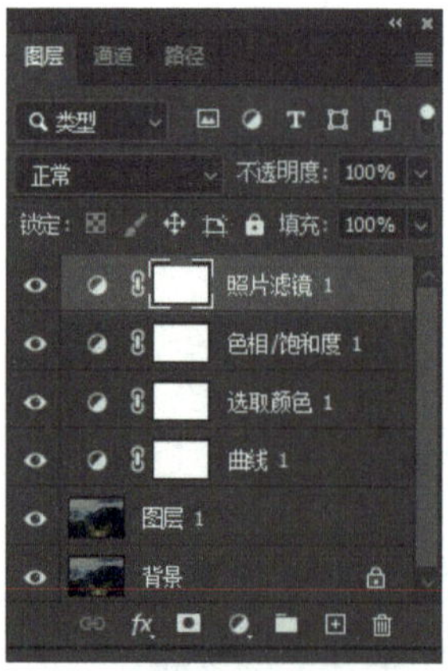

图 3-44

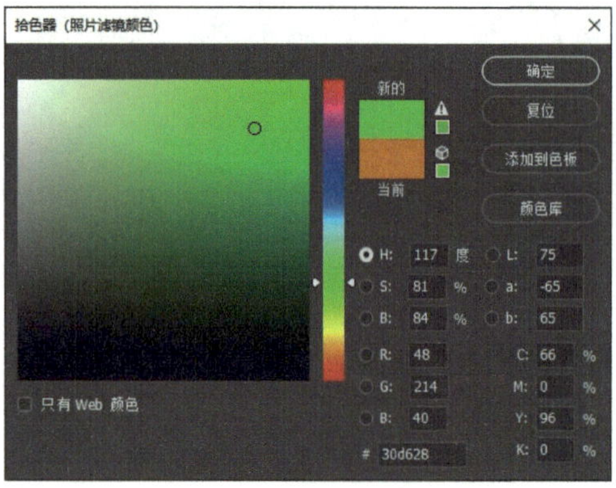

图 3-45

图 3-46

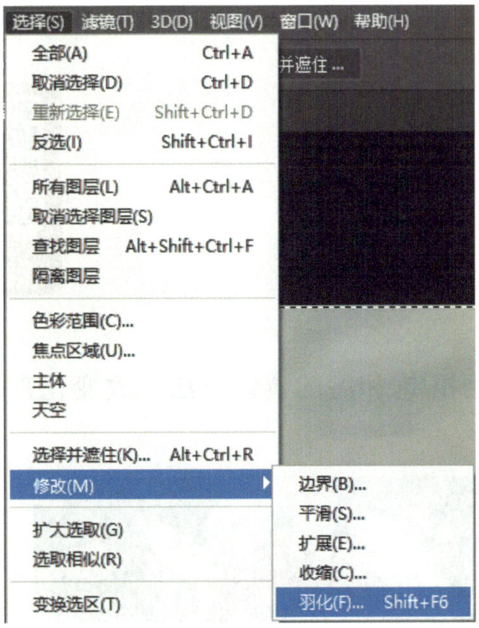

图 3-47

图 3-48

图 3-49

8）建立“色彩平衡”调整图层，如图3-50所示。打开“色彩平衡”属性面板，选择“中间调”色调，如图3-51所示，调整各参数，使天空颜色呈现明快鲜艳的效果，直到效果满意。

9）最终效果如图3-52所示。

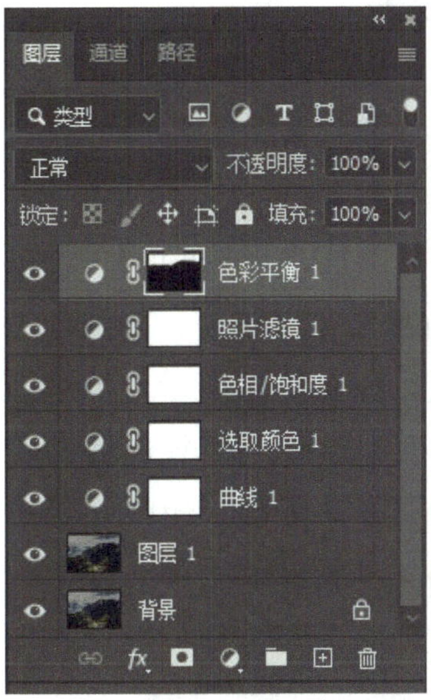

图 3-50

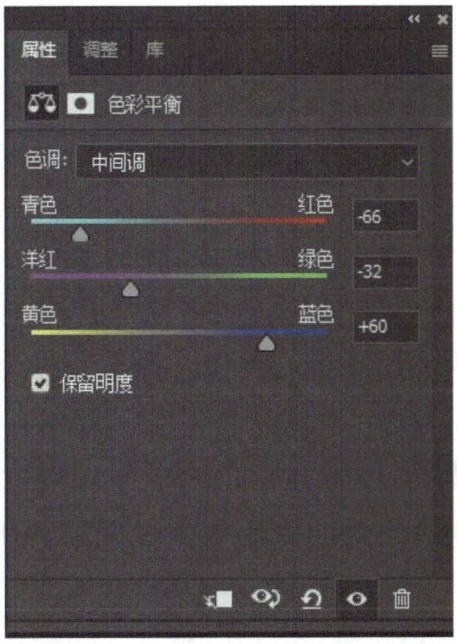

图 3-51

图 3-52

任务拓展

请使用本任务讲述的方法对图3-53所示的灰蒙蒙的照片进行颜色校正。

图 3-53

任务总结

通过本任务的学习，可以掌握“照片滤镜”调整图层的使用方法，学会校正灰暗的风景图像。

任务4 局部色彩调整

扫一扫
查看教学视频

任务情境

本任务的素材图片是一张植物花卉图，通过色相/饱和度的调色方法，改变花卉的颜色。调整前与调整后的对比如图3-54所示。

图 3-54

任务实施

1）执行菜单栏中的【文件】/【打开】命令，打开项目3中的素材图片“任务4.jpg”，按快捷键<Ctrl+J>复制“背景”图层，得到“图层1”图层，如图3-55所示。

2）执行菜单栏中的【窗口】/【调整】命令，弹出“调整”面板，如图3-56所示。单击创建新的色相/饱和度调整图层按钮，打开“色相/饱和度”面板，单击“着色”复选框，参数设置如图3-57所示。使用画笔工具，设置前景色为黑色，对叶子进行擦拭，如图3-58所示。在靠近花朵的位置，将工具选项栏的不透明度降低，如图3-59所示。对花朵附近的叶子进行擦拭，效果如图3-60所示。

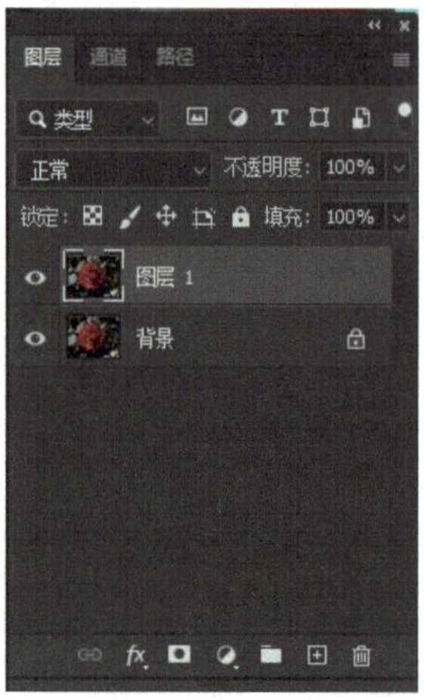

图 3-55

图 3-56

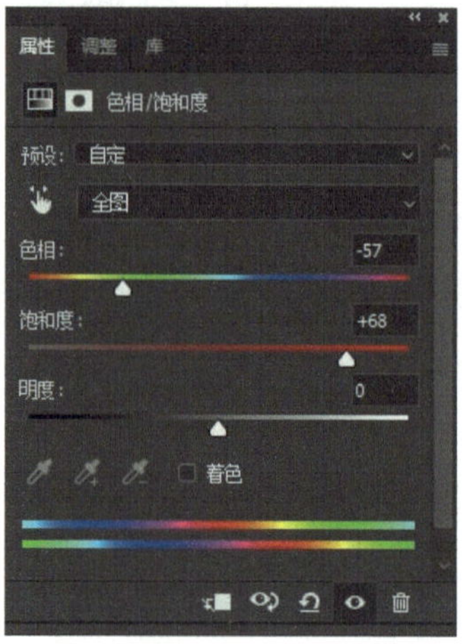

图 3-57

图 3-58

图 3-59

图 3-60

任务拓展

请使用本任务讲述的色相/饱和度调色方法，对图3-61所示的照片进行调色。

图 3-61

任务总结

通过本任务的学习，能够掌握色相/饱和度的调色方法，使照片颜色达到自己想要的色调。

项目4

流光溢彩之打造时尚色

项目情境

色彩作为视觉信息，无时无刻不影响着人们的生活，美妙的色彩刺激和感染着人们的视觉和心理。色彩作为摄影中极其重要的视觉元素，一直以来在营造场景氛围、表现人物情感、丰富画面叙事功能、加强画面真实感和美感等方面都起到了关键的作用。有时拍摄出的摄影作品并不是所需要的色彩，这时就需要通过对摄影作品进行调整。

项目概要

无论是自然风光还是艺术写真，都希望拍摄出清晰自然、颜色亮丽的效果。但是受客观条件的影响，有些照片总是差强人意，这时就需要通过各种调色方法对照片进行调整，从而达到完美效果。通过对本项目的学习，可以掌握多种实用的调色方法。

项目学习目标

通过本项目的学习，可以掌握适合自然风光、艺术写真、婚纱摄影等图像的实用调色方法，以及通过Lab通道实现的新的调色方法。

任务1 Lab通道调色

扫一扫
查看教学视频

任务情境

本任务的素材是一张风景照，需将它应用于风景区宣传册中，但是照片本身颜色稍显暗淡，对比不够强烈。本任务采用Lab通道调色方法，实现蓝天白云、绿树红花、波光粼粼的效果，将这样的照片应用于风景区宣传册中，更能吸引游客的目光。调整前与调整后的对比如图4-1所示。

图 4-1

任务实施

1）执行菜单栏中的【文件】/【新建】命令，打开项目4中的素材图片“任务1.jpg”，按快捷键<Ctrl+J>复制“背景”图层，得到“图层1”图层，如图4-2所示。

2）执行菜单栏中的【图像】/【模式】/【Lab颜色】命令，弹出图4-3所示的对话框，单击“不拼合”按钮，将“任务1.jpg”转换为Lab模式。“图层”面板和“通道”面板如图4-4所示。

图 4-2

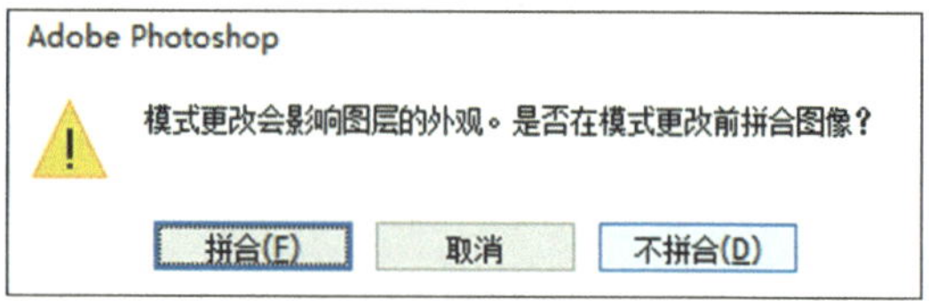

图 4-3

图 4-4

3）将“图层1”拖至“图层”面板下方的创建新图层按钮，得到“图层1拷贝”图层，如图4-5所示。

4）打开“通道”面板，选中b通道，执行【图像】/【调整】/【曲线】命令，打开“曲线”对话框，调节参数，如图4-6所示。

图 4-5

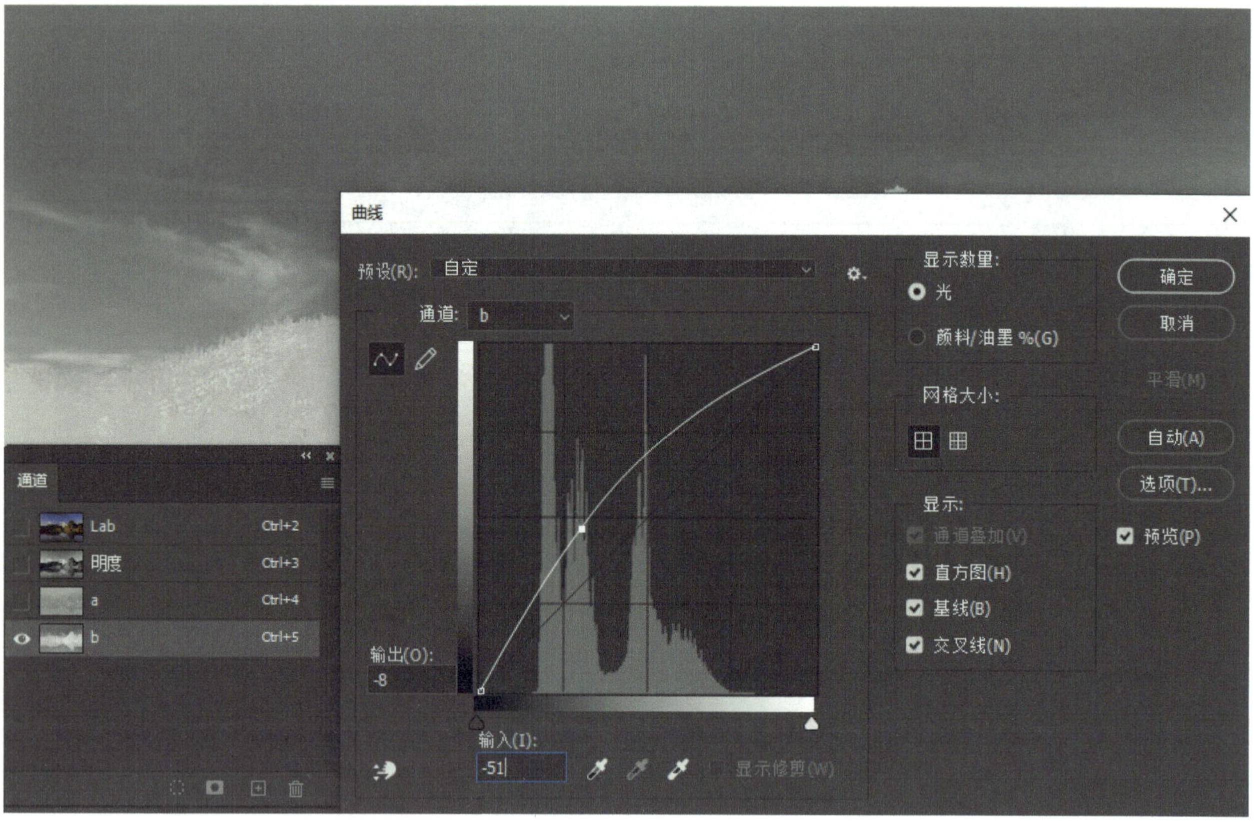

图 4-6

5）参数调整完成后，选中“通道”面板中的Lab通道，图像颜色发生变化，如图4-7所示。

6）选择“图层”面板，单击“图层1拷贝”图层，将其混合模式设置为“柔光”，图像颜色发生变化，最终效果如图4-8所示。

图 4-7

图 4-8

任务拓展

请用本任务讲述的Lab通道调色方法对图4-9所示的风景照进行调色。

图 4-9

任务总结

通过本任务的学习，可掌握Lab通道调色方法、通道的使用方法，以及Photoshop CC 2021中关于颜色模式的概念。

任务2 甜 美 人 像

扫一扫
查看教学视频

任务情境

本任务的素材是一张艺术写真，但是照片本身的颜色偏暗，色调偏冷，不够青春靓丽。使用调色功能，使图片色彩柔和明亮、甜美自然。调整前与调整后的对比如图4-10所示。

图 4-10

任务实施

1）执行菜单栏中的【文件】/【打开】命令，打开项目4中的素材图片“任务2.jpg”，按快捷键<Ctrl+J>复制得到“图层1”。

2）执行菜单栏中的【窗口】/【调整】命令，打开“调整”面板，如图4-11所示。单击创建新的可选颜色调整图层按钮，打开“可选颜色”属性面板，参数设置如图4-12～图4-15所示。

图　4-11

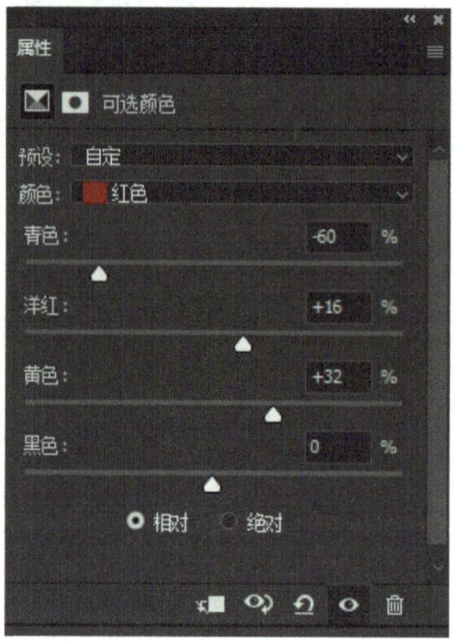

图　4-12

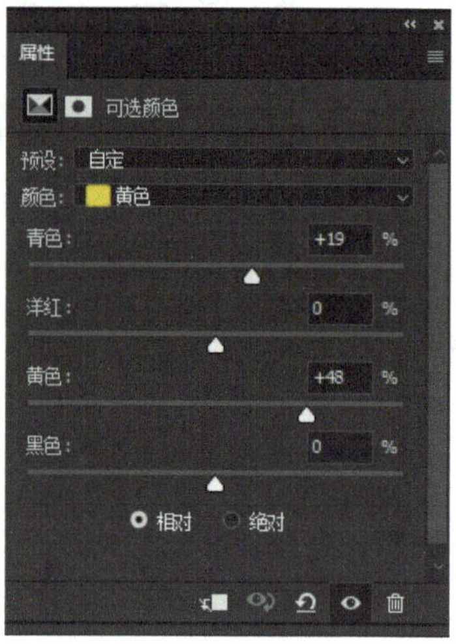

图　4-13

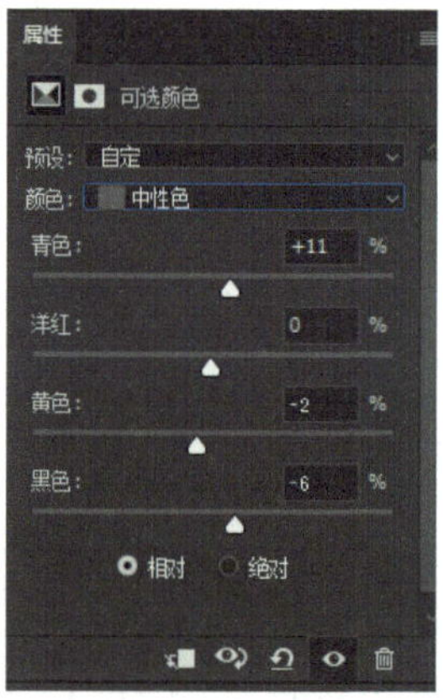

图　4-14

图　4-15

3）执行菜单栏中的【窗口】/【调整】命令，弹出“调整”面板。单击创建新的曝光度调整图层按钮，打开“曝光度”属性面板，参数设置如图4-16所示。使用画笔工具，设置前景色为黑色，在蒙版上对背景树木进行擦拭，只改变人物亮度，背景保持不变，效果如图4-17所示。

4）单击“图层”面板下方的“创建新图层”按钮，得到“图层2”图层。设置前景色为#fa98fe，按快捷键<Alt+Delete>填充前景色，设置图层混合模式为柔光，如图4-18所示。单击“图层”面板下方的“添加图层蒙版”按钮，使用画笔工具，设置前景色为黑色，在蒙版上进行擦拭，效果如图4-19所示。

5）单击“图层”面板下方的“创建新图层”按钮，得到“图层3”图层。设置前景色为#fffcae，按快捷键<Alt+Delete>，填充前景色，设置图层混合模式为正片叠底，如图4-20所示。单击“图层”面板下方的“添加图层蒙版”按钮，为“图层3”添加图层蒙版。使用画笔工具，设置前景色为黑色，擦拭背景树木，如图4-21所示。在工具选项栏中设置画笔的“不透明度”为40%，如图4-22所示。对人物进行擦拭，效果如图4-23。

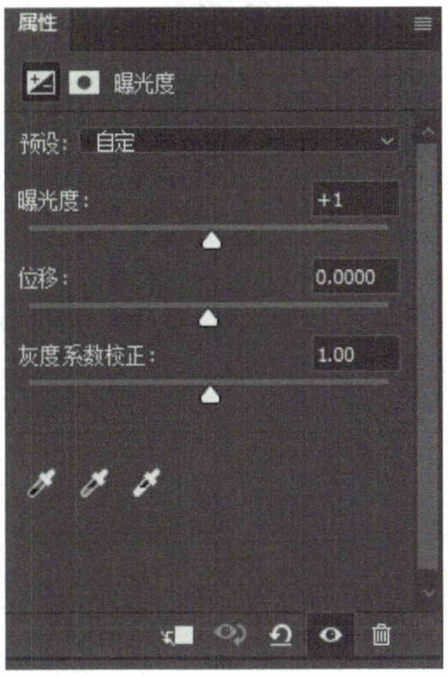

图 4-16

图 4-17

图 4-18

图 4-19

图 4-20

图 4-21

图 4-22

图 4-23

6）执行菜单栏中的【窗口】/【调整】命令，打开“调整”面板，单击创建新的曲线调整图层按钮，打开“曲线”属性面板，参数设置如图4-24和图4-25所示。使用画笔工具，设置前景色为黑色，在蒙版上擦拭人物，效果如图4-26所示。

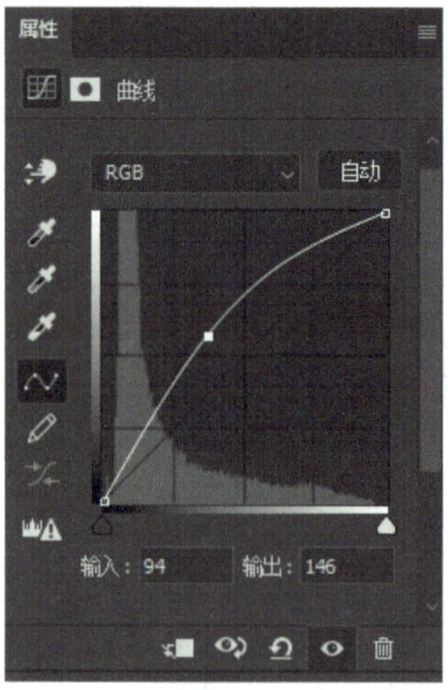

图 4-24

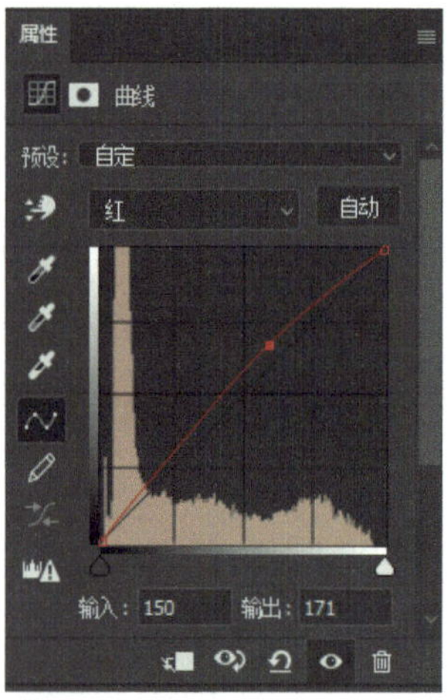

图 4-25

图 4-26

7）执行菜单栏中的【窗口】/【调整】命令，弹出“调整”面板，单击创建新的亮度/对比度调整图层按钮，打开“亮度/对比度”属性面板，进入参数设置。使用画笔工具，设置前景色为黑色，在蒙版中擦拭人物，效果如图4-27。最终效果如图4-28所示。

图 4-27

图 4-28

任务拓展

请通过本任务讲述的调色方法对图4-29所示的人物照片进行调色。

图 4-29

任务总结

通过本任务的学习，可掌握甜美人像风格的调色方法。

任务3 清新黄绿色

扫一扫
查看教学视频

任务情境

本任务的素材是一张婚纱照，需将它应用于新婚夫妇的画册中，但是照片本身受到拍摄条件的限制，背景不明亮、色彩对比较弱。本任务将通过调色方法，使其背景清新鲜艳，显现花红草绿、清新自然的效果。将这样的婚纱照应用于相册中，给新人们留下最美好的爱情记忆。调整前与调整后的对比如图4-30所示。

图 4-30

任务实施

1）执行菜单栏中的【文件】/【打开】命令，打开项目4中的素材图片“任务3.jpg”，按快捷键<Ctrl+J>复制“背景”图层，得到“图层1”图层，如图4-31所示。

2）执行菜单栏中的【窗口】/【调整】命令，弹出“调整”面板，单击创建新的可选颜色调整图层按钮。打开“可选颜色”属性面板，参数设置如图4-32和图4-33所示。使用工具箱中的画笔工具，设置前景色为黑色，在工具选项栏中设置不透明度，如图4-34所示。在蒙版上对人物进行擦拭，效果如图4-35所示。

图 4-31

图 4-32

图 4-33

图 4-34

图 4-35

3）执行菜单栏中的【窗口】/【调整】命令，弹出“调整”面板，单击创建新的曲线调整图层按钮。打开“曲线”属性面板，参数设置如图4-36所示。使用画笔工具，设置前景色为黑色，在工具选项栏中设置不透明度，如图4-37所示。在蒙版上对人物进行擦拭，效果如图4-38所示。

图 4-36

图 4-37

图 4-38

4）执行菜单栏中的【窗口】/【调整】命令，弹出“调整”面板，单击创建新的色阶调整图层按钮。打开“色阶”属性面板，参数设置如图4-39所示。使用画笔工具，设置前景色为黑色，在蒙版上对人物进行擦拭，效果如图4-40所示。

图 4-39

图 4-40

任务拓展

请使用本任务讲述的调色方法对图4-41所示的婚纱照片进行调色。

图 4-41

任务总结

通过本任务的学习，可掌握通过曲线、色阶等调整婚纱照片颜色的方法。

任务4 浪漫秋景

扫一扫
查看教学视频

任务情境

在拍摄户外风景照的时候，因为光线很难统一，自然界的颜色比较复杂，所以照片看上去不均匀。在后期处理的时候，可以让水更蓝，让树木不再是传统的绿色，而让橘红充斥画面，表现特殊的意境。调整前与调整后的对比如图4-42所示。

图 4-42

任务实施

1）执行菜单栏中的【文件】/【打开】命令，打开项目4中的素材图片“任务4.jpg”，如图4-43所示。

图 4-43

2）执行菜单栏中的【窗口】/【调整】命令，弹出“调整”面板，单击创建新的曝光度调整图层按钮。打开“曝光度”属性面板，参数设置如图4-44所示。使用画笔工具，设置前景色为黑色，留出左侧树木部分，对风景其他位置进行擦拭，树木部分变亮，效果如图4-45所示。

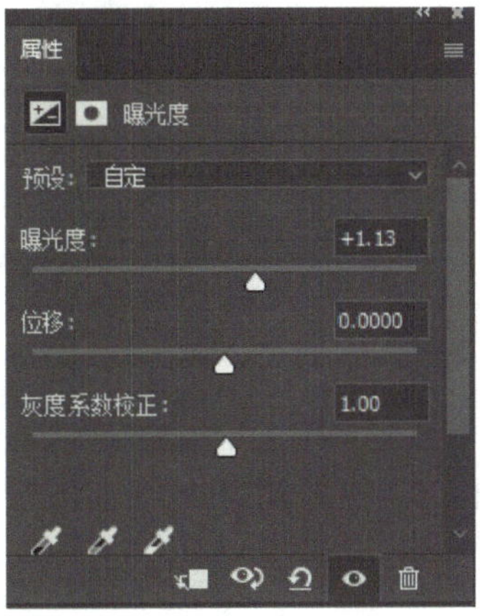

图 4-44

图 4-45

3）执行菜单栏中的【窗口】/【调整】命令，弹出“调整”面板，单击创建新的曲线调整图层按钮。打开“曲线”属性面板，参数设置如图4-46所示。

4）执行菜单栏中的【窗口】/【调整】命令，弹出“调整”面板，单击创建新的可选颜色调整图层按钮。打开“可选颜色”属性面板，参数设置如图4-47～图4-49所示。

图 4-46

图 4-47

图 4-48

图 4-49

5）执行菜单栏中的【窗口】/【调整】命令，弹出“调整”面板，单击创建新的色相/饱和度调整图层按钮。打开“色相/饱和度”属性面板，参数设置如图4-50所示。使用画笔工具，设置前景色为黑色，擦拭除水面以外的位置，使水面颜色发生变化，效果如图4-51所示。

图 4-50

图 4-51

6）执行菜单栏中的【窗口】/【调整】命令，弹出“调整”面板，单击创建新的曲线调整图层按钮。打开“曲线”属性面板，参数设置如图4-52所示。使用画笔工具，设置前景色为黑色，擦拭除水面以外的位置，使水面变亮，效果如图4-53所示。

图 4-52

图 4-53

7）执行菜单栏中的【窗口】/【调整】命令，弹出“调整”面板，单击创建新的色彩平衡调整图层按钮。打开“色彩平衡”属性面板，参数设置如图4-54～图4-56所示。使用画笔工具，设置前景色为黑色，擦拭除水面以外的位置，使水面变得更蓝，效果如图4-57所示。

8）执行菜单栏中的【窗口】/【调整】命令，弹出“调整”面板，单击创建新的色阶调整图层按钮。打开“色阶”属性面板，参数设置如图4-58所示。使用画笔工具，设置前景色为黑色，擦拭除水面以外的位置，使水面变得更亮，效果如图4-59所示。

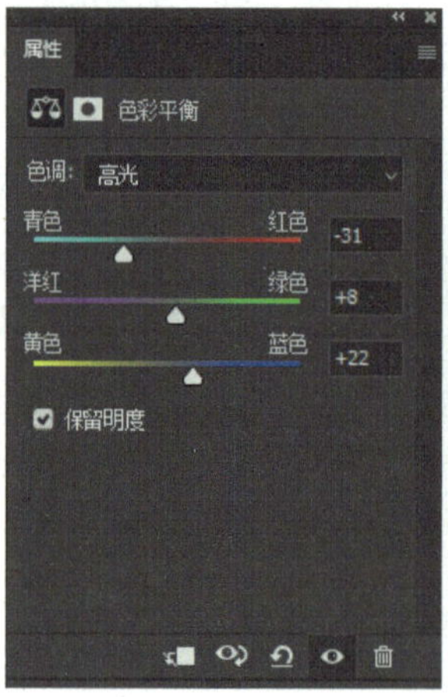

图 4-54

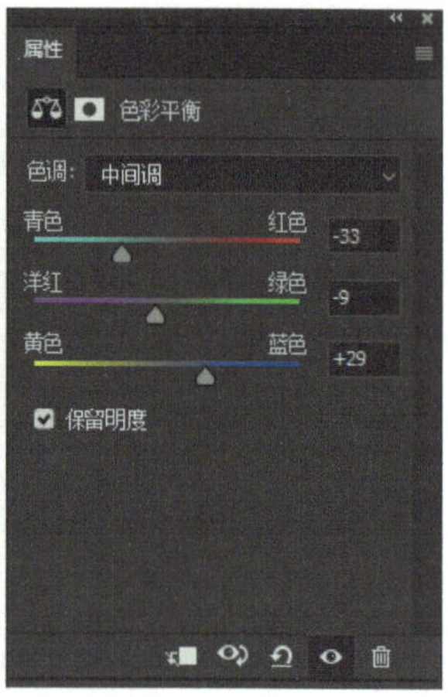

图 4-55

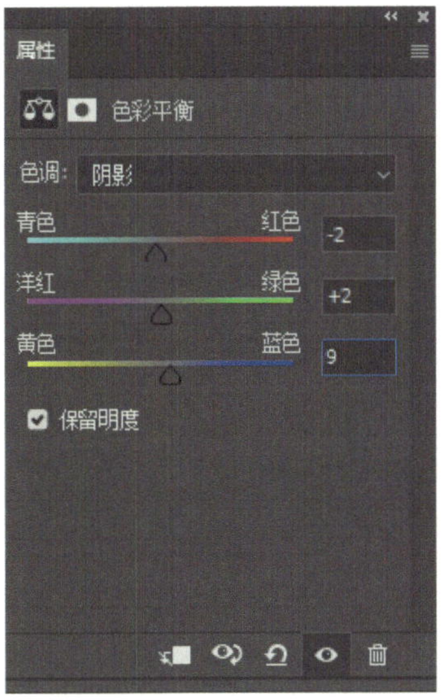

图 4-56

图 4-57

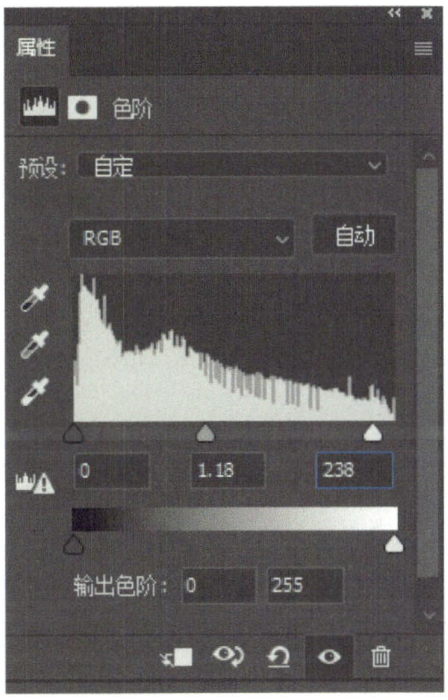

图 4-58

图 4-59

任务拓展

请用本任务讲述的调色方法对图4-60所示的风景照进行调色。

图 4-60

任务总结

通过本任务的学习，可掌握色相/饱和度、色彩平衡的使用方法，掌握树木、水面等风景照片的调色方法。

项目5

珠联璧合之图像合成

项目情境

数字时代对设计的要求越来越高。同样的风景、同样的人物，通过Photoshop后期制作可以赋予这些图片新的生命和更深层次的情感。通过图像的合成拼接，可以穿越太空，跨过海洋，可以制作出许多令人惊艳的效果。请张开想象的翅膀，尽情地创作吧！

项目概要

生活中几张平凡无奇的图片，通过处理可以产生不一样的视觉效果。本项目利用多种方法对图像进行修饰、合成和拼接，让图片焕发新的光彩。通过学习可以熟练掌握蒙版的使用技巧，巩固之前的调色技法。

项目学习目标

本项目主要是利用Photoshop对已有的图片进行新的组合与拼接。从简单的添加蒙版、修改图层的混合模式开始，一步步深入到熟练掌握Photoshop的图像拼合技巧，从而制作出符合各方面用途的精彩图像。

任务1 照片的合成

扫一扫
查看教学视频

任务情境

本任务要制作一幅描述城市的宣传海报。所给的素材是一张城市高楼的图片，景物效果普通，颜色稍显灰暗，与海报的主题不相符合。因此，在这里加入两张新的图片，通过对照片的后期处理合成，制作成一幅具有时代气息、色彩丰富、布局合理的海报。最终效果如图5-1所示。

图 5-1

任务实施

1）执行菜单栏中的【文件】/【新建】命令，在弹出的对话框中设置各参数及选项，如图5-2所示。

2）执行菜单栏中的【文件】/【打开】命令，打开项目5中的素材图片“任务1天空.jpg”，使用移动工具，将素材图片“任务1天空.jpg”移动到“反转都市”文件，得到“图层1”，并对“图层1”进行垂直反转、缩放大小、调整方向和位置操作，效果如图5-3所示。

3）执行菜单栏中的【文件】/【打开】命令，打开项目5中的素材图片“任务1城市.jpg”，使用移动工具，将素材图片“任务1城市.jpg”移动到“反转都市”文件，并对图片进行垂直反转，然后将其移动到文件顶部，效果如图5-4所示。

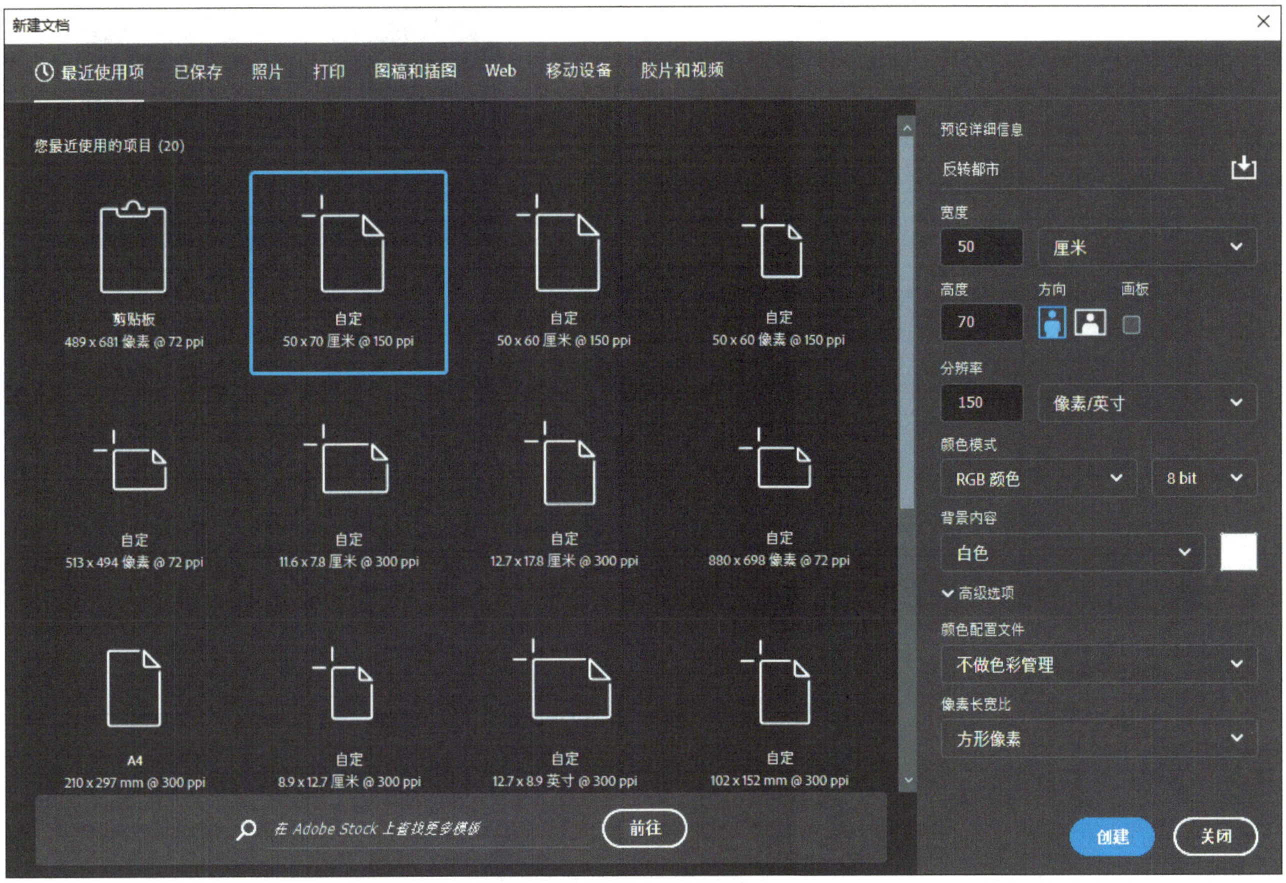

图 5-2

图 5-3

图 5-4

4）执行菜单栏中的【图像】/【调整】/【色彩平衡】命令，对“图层2”的图像颜色进行调整，参数设置如图5-5所示，效果如图5-6所示。

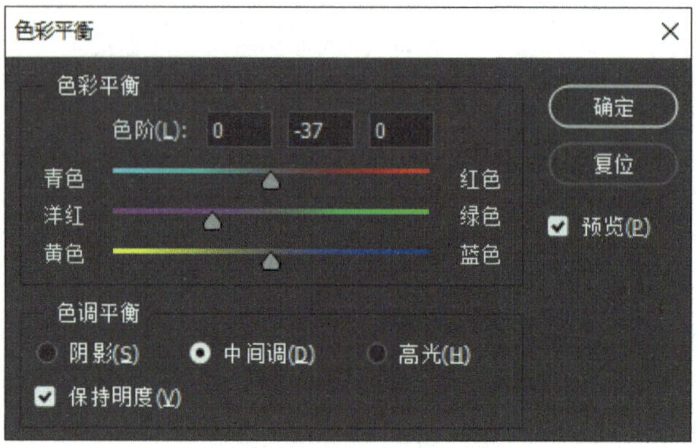

图　5-5

图　5-6

5）在“图层”面板中，拖动“图层2”到“新建图层”按钮（见图5-7），得到“图层2拷贝”图层。垂直反转“图层2拷贝”图层，并将其移动到文件底部，效果如图5-8所示。

6）为避免误操作，暂时隐藏“图层2拷贝”图层。选中“图层2”图层，单击“图层”面板中的“添加矢量蒙版”按钮，给“图层2”添加矢量蒙版，如图5-9所示。

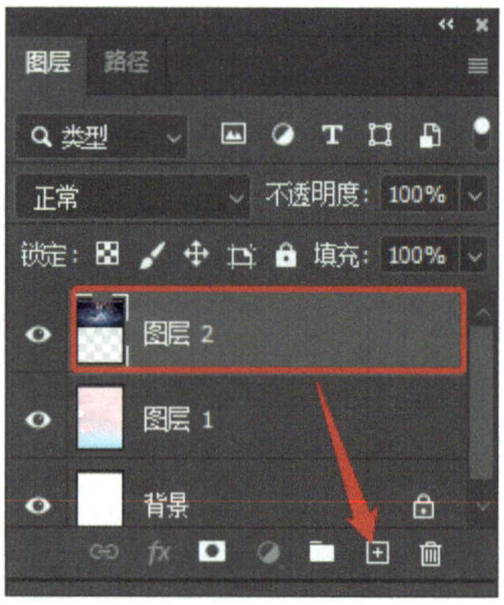

图　5-7

图　5-8

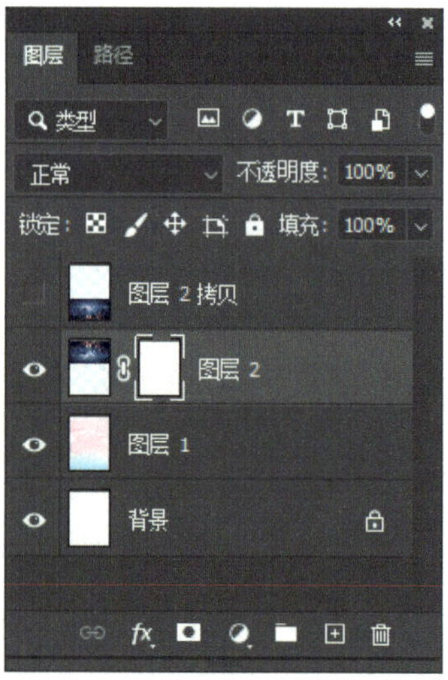

图　5-9

7）选中“图层2”蒙版缩略图，使用画笔工具，参数设置如图5-10所示。设置前景色为黑色、背景色为白色，对“图层2”边缘进行适当涂抹，使城市与天空融合在一起，效果如图5-11所示。

图　5-10

8）显示“图层2拷贝”图层，并移动图像到适当位置，效果如图5-12所示。

9）单击“图层”面板下方的“添加矢量蒙版”按钮，为“图层2拷贝”添加蒙版。使用椭圆选框工具，按快捷键<Alt+Shift>绘制一个圆形选区，然后再按快捷键<Ctrl+Shift+I>反向选择，如图5-13所示。

10）按<D>键，恢复默认的前景色和背景色，选中“图层2拷贝”蒙版缩略图，用背景色填充，按<Ctrl+D>键取消选区，效果如图5-14所示。

图 5-11

图 5-12

图 5-13

图 5-14

11）为了使圆形区域图像顶部融合到背景中，可以使用黑色画笔工具，在圆形上部进行涂抹，效果如图5-15所示。

12）执行菜单栏中的【文件】/【打开】命令，打开项目5中的素材图片“任务1人物.png”，使用移动工具将人物素材移动到文件中得到“图层3”，并对“图层3”进行大小和位置调整，效果如图5-16所示。

图 5-15

图 5-16

13）执行【图像】/【调整】/【可选颜色】命令，打开“可选颜色”对话框，对“图层3”颜色进行颜色调整，参数设置如图5-17所示，效果如图5-18所示。

14）使用文本工具T添加文字内容。最终效果如图5-19所示。

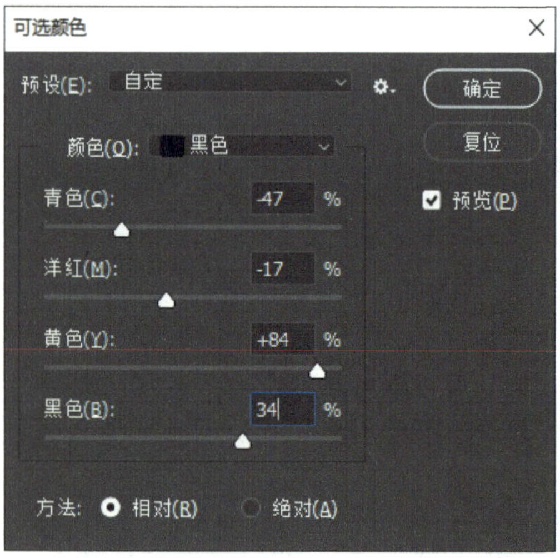

图 5-17

图 5-18

图 5-19

任务拓展

请为图5-20添加美丽的云彩效果。

图 5-20

任务总结

通过本任务的学习，可掌握蒙版的使用技巧，能熟练运用矢量蒙版制作奇妙的效果。

任务2　科幻与现实

扫一扫
查看教学视频

任务情境

一个平面设计公司接到新的设计任务，要制作一幅描述未来科幻世界的图像。本任务使用的素材就是一些现实生活中的自然照片，和利用其他软件制作的简单3D模型。设计者需要用这些仅有的素材制作出描述未来的图像，让整个画面协调自然，色彩丰富，有震撼的视觉效果，把大家带入想象中的科幻世界。

任务实施

1）执行菜单栏中的【文件】/【新建】命令，在弹出的对话框中设置各参数及选项，如图5-21所示。

图　5-21

2）执行菜单栏中的【文件】/【打开】命令，打开项目5中的素材图片“任务2-1.jpg”，使用移动工具，将素材移动到“科幻与现实”文件，得到“图层1”图层，并适当缩小图像以适应当前图像大小，效果如图5-22所示。

3）执行【图像】/【调整】/【色相/饱和度】命令，打开“色相/饱和度”对话框，调节参数，如图5-23所示。

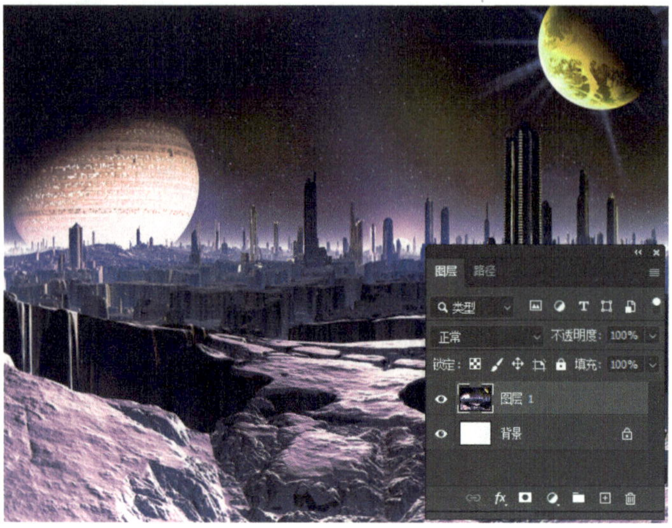

图 5-22

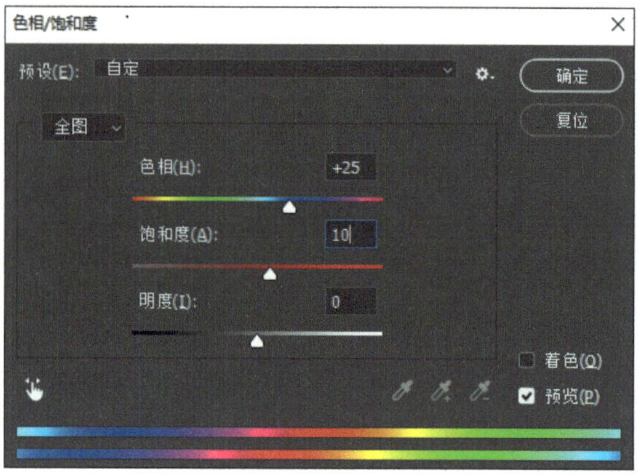

图 5-23

温馨提示

打开“色相/饱和度”对话框的快捷键是<Ctrl+U>。

4）执行菜单栏中的【文件】/【打开】命令，打开项目5中的素材图片“任务2-2.jpg”，使用移动工具，将素材移动到“科幻与现实”文件，得到“图层2”图层，效果如图5-24所示。

图 5-24

5）执行【图像】/【调整】/【色彩平衡】命令，打开“色彩平衡”对话框，调节中间调的参数，如图5-25所示。

温馨提示

打开“色彩平衡”对话框的快捷键是<Ctrl+B>。

图 5-25

6）再选择高光部分，色彩平衡参数设置如图5-26所示。

图 5-26

7）单击“图层”面板下方的“添加图层蒙版”按钮，为“图层2”添加图层蒙版。单击选中渐变工具，在其工具选项栏中单击渐变编辑器按钮，打开渐变编辑器（见图5-27）。设置黑白渐变，按照图5-28所示的效果为“图层2”蒙版填充渐变。最终得到图5-29所示的效果。

8）在“图层”面板上方，将“图层2”的混合模式设为“叠加”，效果如图5-30所示。

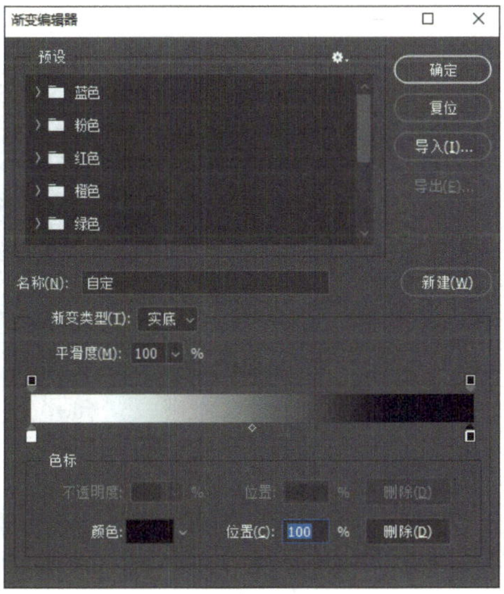

图 5-27

图 5-28

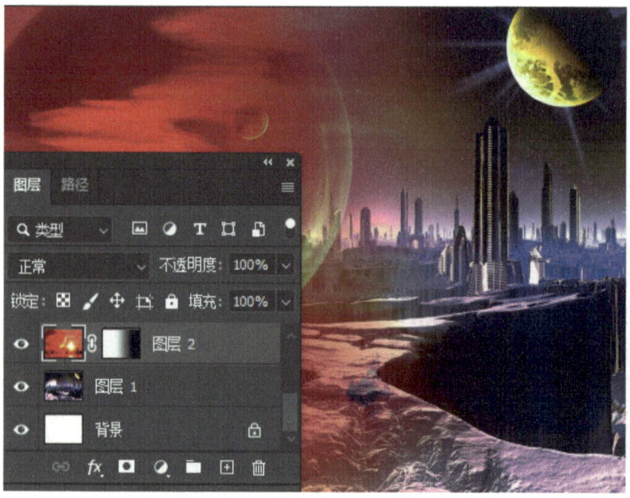

图 5-29

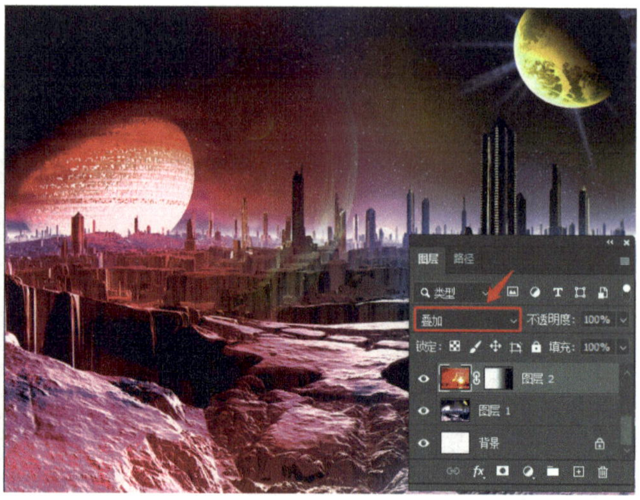

图 5-30

9）执行菜单栏中的【文件】/【打开】命令，打开项目5中的素材图片“任务2-3.jpg”。使用移动工具，将素材移动到“科幻与现实”文件，得到“图层3”图层。把“图层3”适当放大以适应当前图像大小，并移动“图层3”到图5-31所示的位置。

10）使用矩形选框工具，选择“图层3”中的一部分，按<Ctrl+J>快捷键进行复制，生成一个新的图层“图层4”，效果如图5-32所示。

温馨提示

快捷键<Ctrl+J>是一个复合动作，即“复制+新建”。

如果有选区，它代表复制选区的内容，然后粘贴到一个新建图层的对应位置；如果没有选区，它代表复制当前图层。它跟快捷键<Ctrl+V>的区别是，快捷键<Ctrl+V>是把物体的中心对齐图像中心，然后粘贴到当前图层，而它是原图像在哪里就粘到哪里，并且是粘在新图层里。

图 5-31

图 5-32

11）按<Ctrl>键的同时单击“图层4”的缩览图，选中“图层4”的选区，在“图层3”上删除该选区的部分，即把“图层3”上的原图分两个图层显示出来，效果如图5-33所示。

12）按快捷键<Ctrl+T>，把“图层3”缩放并旋转至图5-34所示的位置。

13）在“图层”面板上方，将“图层3”和“图层4”的混合模式分别设为“叠加”，效果如图5-35所示。

图　5-33

图　5-34

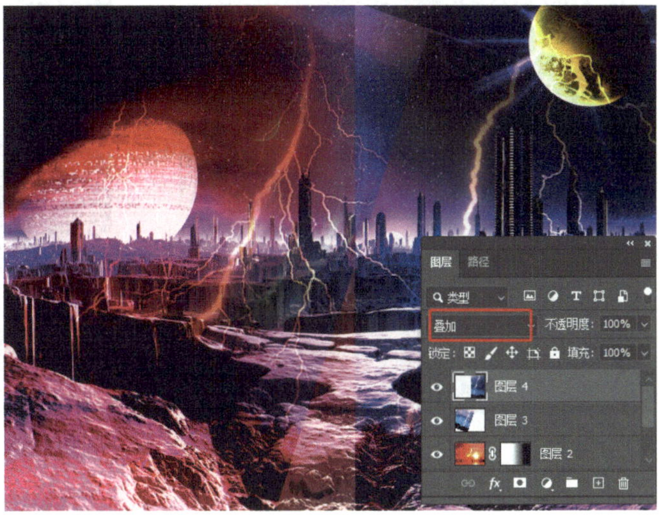

图　5-35

14）单击“图层”面板下方的“添加图层蒙版”按钮，为“图层3”和“图层4”添加图层蒙版。使用画笔工具，设置前景色为黑色，将画笔“不透明度”设置为45%、“流量”设置为60%，如图5-36所示。把图层中多余的部分隐藏，效果如图5-37所示。

15）执行菜单栏中的【文件】/【打开】命令，打开项目5中的素材图片“2-4.jpg”。使用移动工具，将素材移动到“科幻与现实”文件，得到“图层5”图层，效果如图5-38所示。

图　5-36

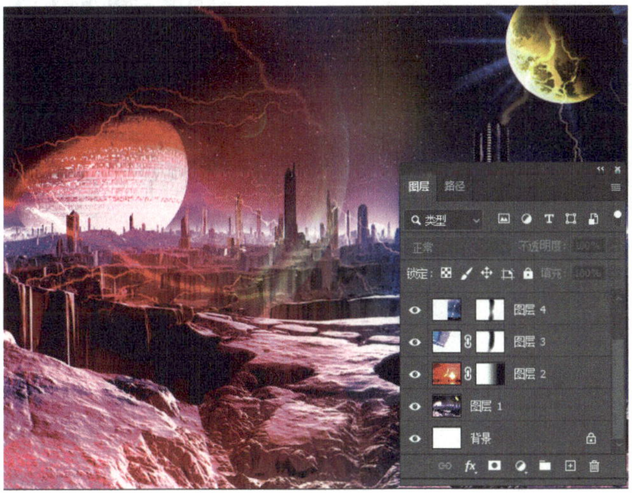

图　5-37

图　5-38

16）单击“图层”面板下方的“添加图层蒙版”按钮，为“图层5”添加图层蒙版。选中渐变工具，在其工具选项栏中单击渐变编辑器按钮，打开渐变编辑器，如图5-39所示。在蒙版中添加黑白渐变，最终得到图5-40所示的效果。

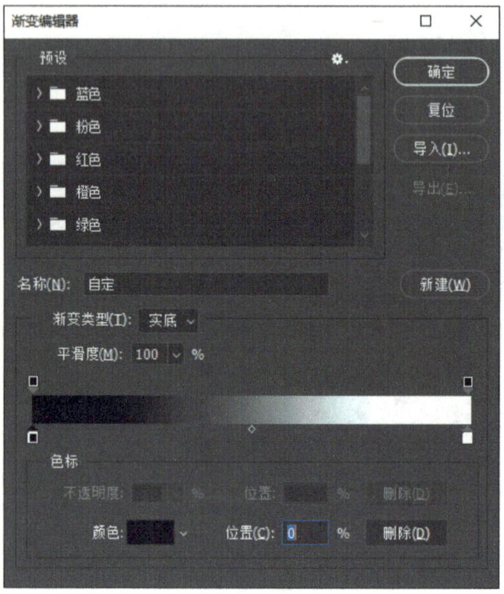

图　5-39

图　5-40

17）执行菜单栏中的【文件】/【打开】命令，打开项目5中的素材图片“任务2-5.jpg”。使用移动工具，将素材移动到“科幻与现实”文件，得到“图层6”图层，效果如图5-41所示。

18）使用橡皮工具，擦除“图层6”中除概念车以外的其他内容，最终效果如图5-42所示。

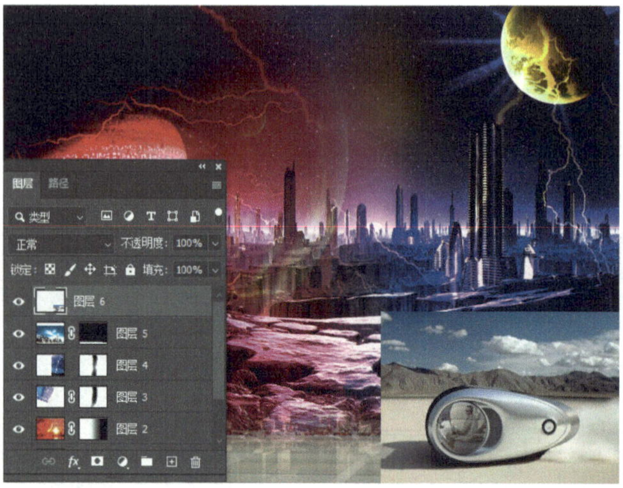

图　5-41

图　5-42

任务拓展

请仿照图5-43的效果，制作“树叶中的交通工具”。

图 5-43

任务总结

通过本任务的学习，进一步熟练蒙版的使用技巧，并会应用项目4中的调色命令修改图片色调，打造出梦幻般的效果，同时牢记图层复制和填充渐变的方法。

项目6
慧心巧思之智能手机App界面设计

项目情境

风起云涌的高科技时代，智能终端的普及不仅推动了移动互联网的发展，也带来了移动应用的爆炸式增长。智能手机已经成为生活必需品之一，而智能手机的普及推动了手机App应用的发展。

项目概要

智能手机的用户界面及体验受到用户越来越多的关注。如何能够让用户使用得更加流畅、更加舒适？App界面设计作为最迫切的需求，被推到了每个设计者面前。

项目学习目标

本项目主要是利用Photoshop CC 2021的强大功能来制作手机App应用。从最基础的界面设计开始，通过循序渐进的方式逐一介绍关于App应用的知识。通过本项目的学习，可以了解关于App、UI（用户界面）的概念，掌握制作美观、简洁、方便的用户界面、按钮和控件的方法。

扫一扫
查看教学视频

任务1 用户界面设计

任务情境

用户界面是否美观，直接影响着使用者的心情，进而影响其对软件的直接印象。界面中功能菜单的布局是否合理、是否符合大众的使用习惯，都直接影响着使用者对此软件的喜爱与否。首先让使用者喜欢上界面，才会促使使用者去了解软件的强大功能。因此，界面设计是非常重要的。本任务就通过Photoshop CC 2021的强大功能来设计一款美观的用户界面。

任务实施

1）执行菜单栏中的【文件】/【新建】命令，在弹出的对话框中设置各参数及选项，如图6-1所示。

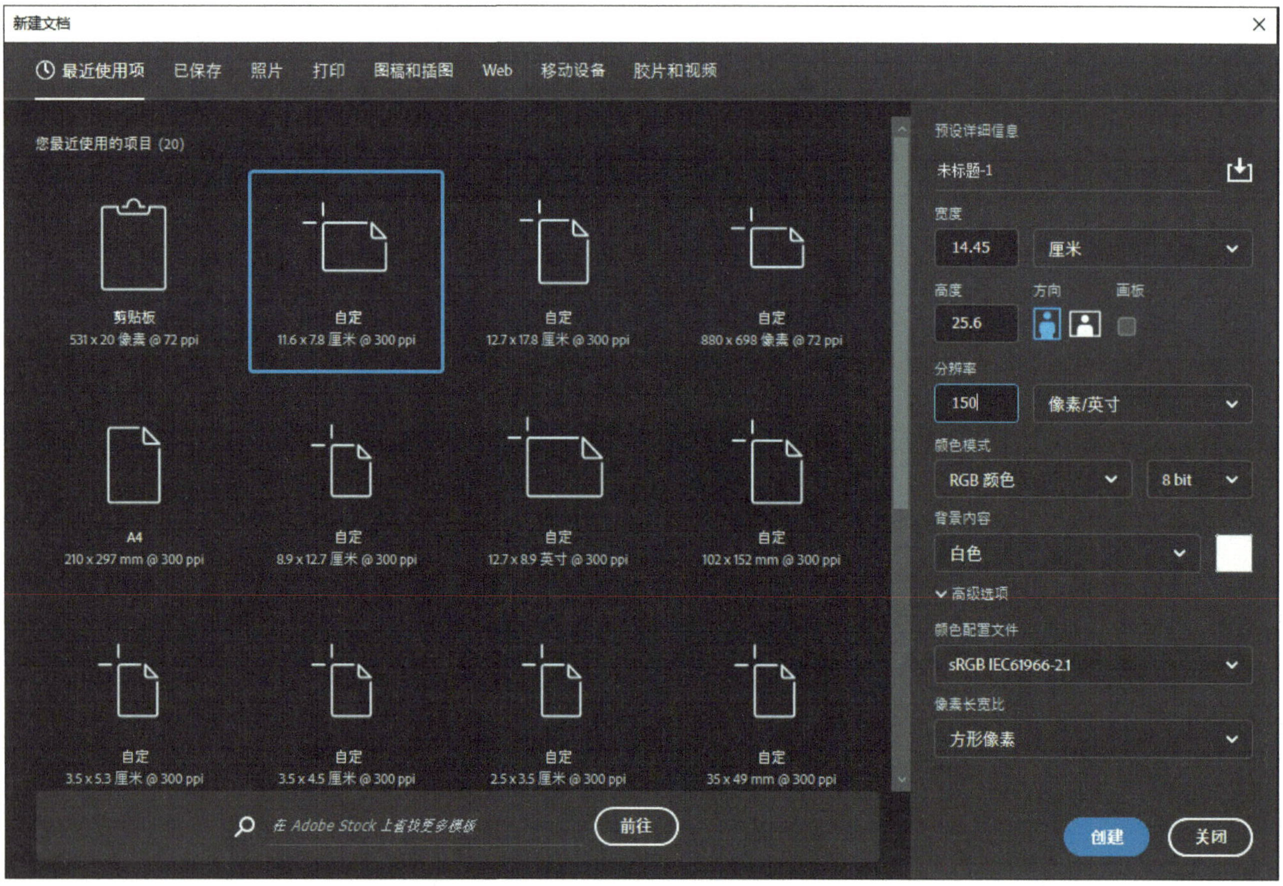

图 6-1

2）单击“图层”面板下方的“创建新图层”按钮，得到“图层1”图层，设置前景色为黑色，按快捷键<Alt+Delete>为图层填充黑色，如图6-2所示。

3）执行菜单栏中的【文件】/【打开】命令，打开项目6中的素材图片“任务1.jpg”。使用移动工具，将“任务1.jpg”移动到“用户界面”文件，调整图片的大小和位置，得到“图层2”

图层，效果如图6-3所示。

4）单击“图层”面板下方的“添加图层蒙版”按钮，为“图层2”添加矢量蒙版。单击选中渐变工具，在其工具选项栏中单击渐变编辑器按钮，打开渐变编辑器，如图6-4所示。设置黑白渐变，为“图层2蒙版”填充渐变，得到图6-5所示的效果。

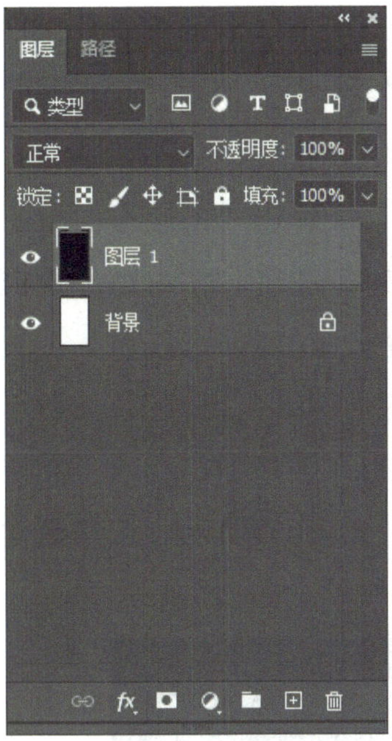

图 6-2

图 6-3

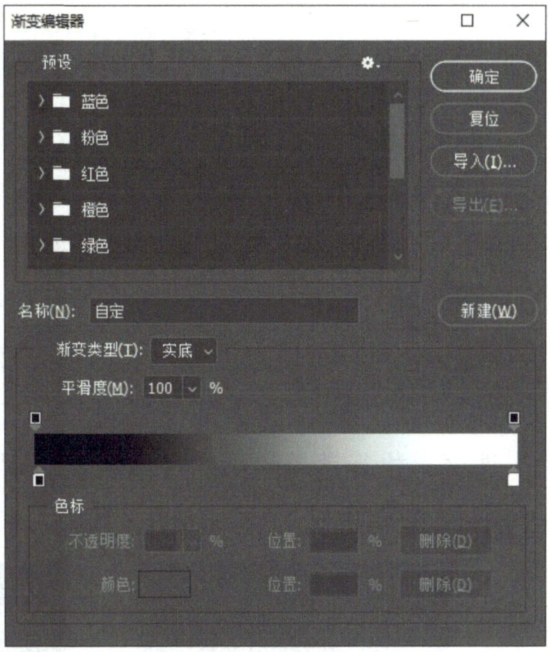

图 6-4

图 6-5

5）单击“图层”面板下方的“创建新组”按钮，创建“组1”。使用横排文字工具，输入文字“City”“Life”“北京”“城市生活”，设置合适的字体和字号，并按图6-6所示进行文字排版。

6）单击“图层”面板下方的“创建新图层”按钮，在“组1”中创建新图层，得到“图层3”图层。使用椭圆选框工具，按<Shift>键的同时，拖动鼠标绘制圆形选区。设置前景色为白色，按快捷键<Alt+Delete>为圆形选区填充白色。按<Alt>键的同时，移动鼠标，复制一个白色圆形。重复此操作4次，共复制出5个白色圆形。按快捷键<Ctrl+D>取消选区，效果如图6-7所示。

7）单击“图层”面板下方的“创建新组”按钮，创建“组2”。单击“图层”面板下方的“创建新图层”按钮，在“组2”中创建新图层，得到“图层4”图层。使用矩形选框工具，按<Shift>键的同时，拖动鼠标绘制正方形选区。设置前景色为#ff0000（红色），按快捷键<Alt+Delete>为正方形选区填充红色。再按快捷键<Ctrl+D>取消选区，得到图6-8所示的效果。在“组2”中新建“图层5”，按<Ctrl>键的同时单击“图层4”缩略图，载入“图层4”选区。执行菜单栏中的【编辑】/【描边】命令，设置描边参数，如图6-9所示。按快捷键<Ctrl+D>取消选区。使用移动工具，移动白色边框，效果如图6-10所示。

图 6-6

图 6-7

图 6-8

8）重复步骤7），设置前景色为#fff600（黄色），分别得到“图层6”和“图层7”。

9）重复步骤7），设置前景色为#00a7ed（蓝色），分别得到“图层8”和“图层9”。

10）重复步骤7），设置前景色为#007c4c（绿色），分别得到“图层10”和“图层11”。此时，效果如图6-11所示。

11）使用横排文字工具，输入文字“18:30”，效果如图6-12所示。

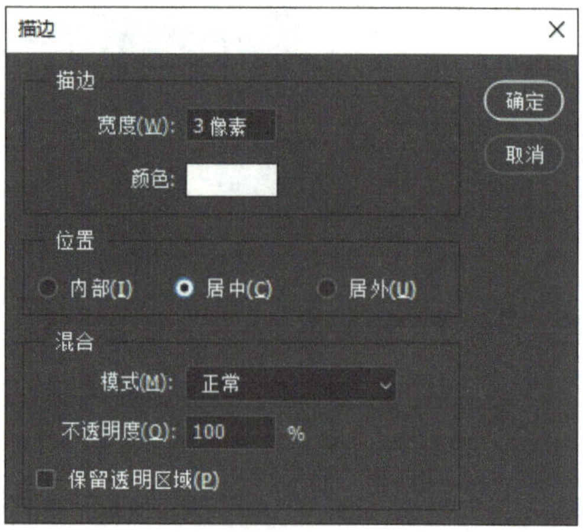

图 6-9

图 6-10

图 6-11

图 6-12

12）在“组2”中，新建“图层12”图层，设置前景色为#ff5400。单击选中圆角矩形工具，在其工具选项栏中按图6-13所示进行设置。绘制橘色圆角矩形，输入文字“其他城市”，得到效果如图6-14所示。

13）单击“图层”面板下方的“创建新组”按钮，创建“组3”。设置前景色为#000000（黑色），输入文字“同城交友”，设置字体为ZHSRuiXian-yolan。选中“同城交友”文字图层，将其拖至“图层”面板下方的“创建新图层”按钮上，得到“同城交友副本”文字图层。改变文字颜色为#ff0000（红色）。使用移动工具，调整“同城交友副本”文字图层的位置，效果如图6-15所示。

图 6-13

图 6-14

图 6-15

14）重复步骤13），分别输入文字“美食文化”“景点”和“地图”和“实时路况”，修改文字的大小和颜色，效果如图6-16所示。

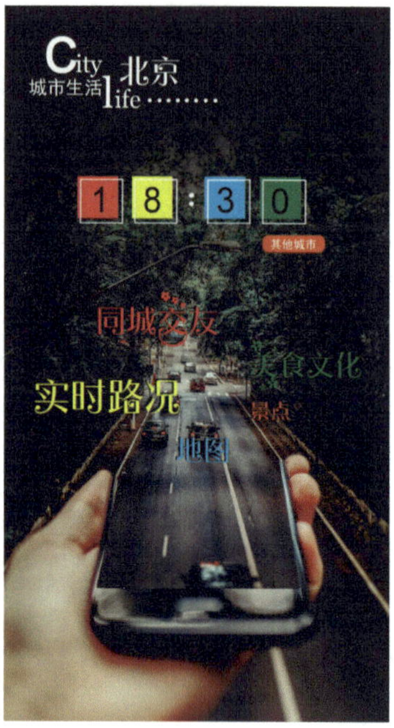

图 6-16

15）在“组3”中，新建“图层13”图层，设置前景色为#ffffff（白色）。单击选中直线工具，在其工具选项栏中按图6-17所示进行设置，然后绘制图6-18所示的白色直线。双击“图层13”弹出“图层样式”对话框，为“图层13”添加投影效果，参数设置如图6-19所示，投影效果如图6-20所示。

16）输入文字“北京”，然后新建“图层14”图层，设置前景色为白色。单击选中直线工具，在其工具选项栏中按图6-21所示进行设置，然后绘制图6-22所示的白色直线。最终效果如图6-23所示。

图 6-17

图 6-18

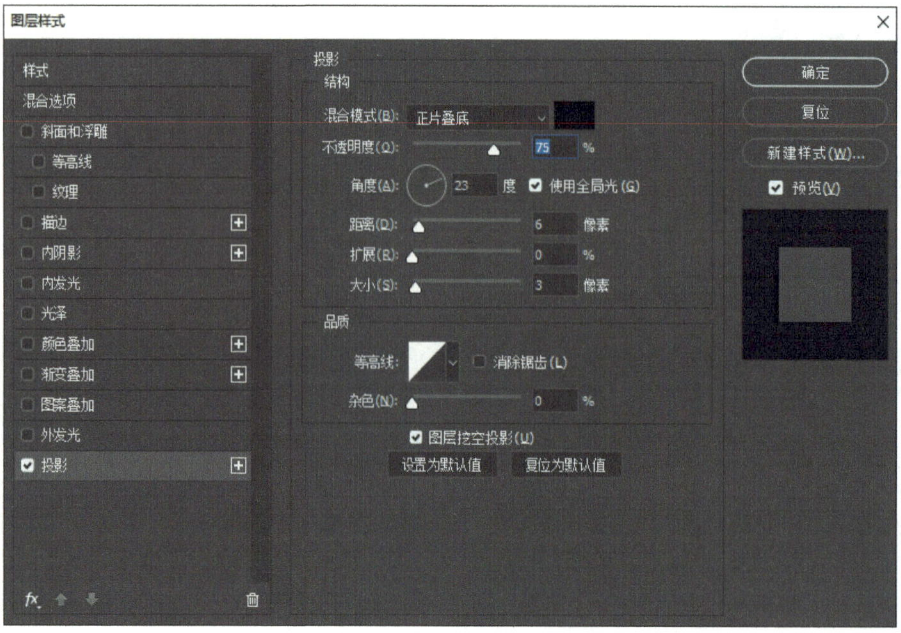

图 6-19

图 6-20

图 6-21

图 6-22

图 6-23

任务拓展

请为“天天购”购物网站“触屏版”设计一款个性化的用户界面。

任务总结

通过本任务的学习，掌握了用户界面的设计方法，学会了PhotoShop CC 2021中图层及描边命令的使用方法。

扫一扫
查看教学视频

任务2　App图标设计

任务情境

图标是具有指代意义的符号，它具有高度浓缩、简便快捷传达信息的特性，其应用范围非常广泛，任何一款App都需要有图标。本任务就是应用Photoshop CC 2021中一些简单的工具制作一款经典图标。

任务实施

1）执行菜单栏中的【文件】/【新建】命令，在弹出的对话框中设置各参数及选项，如图6-24所示。

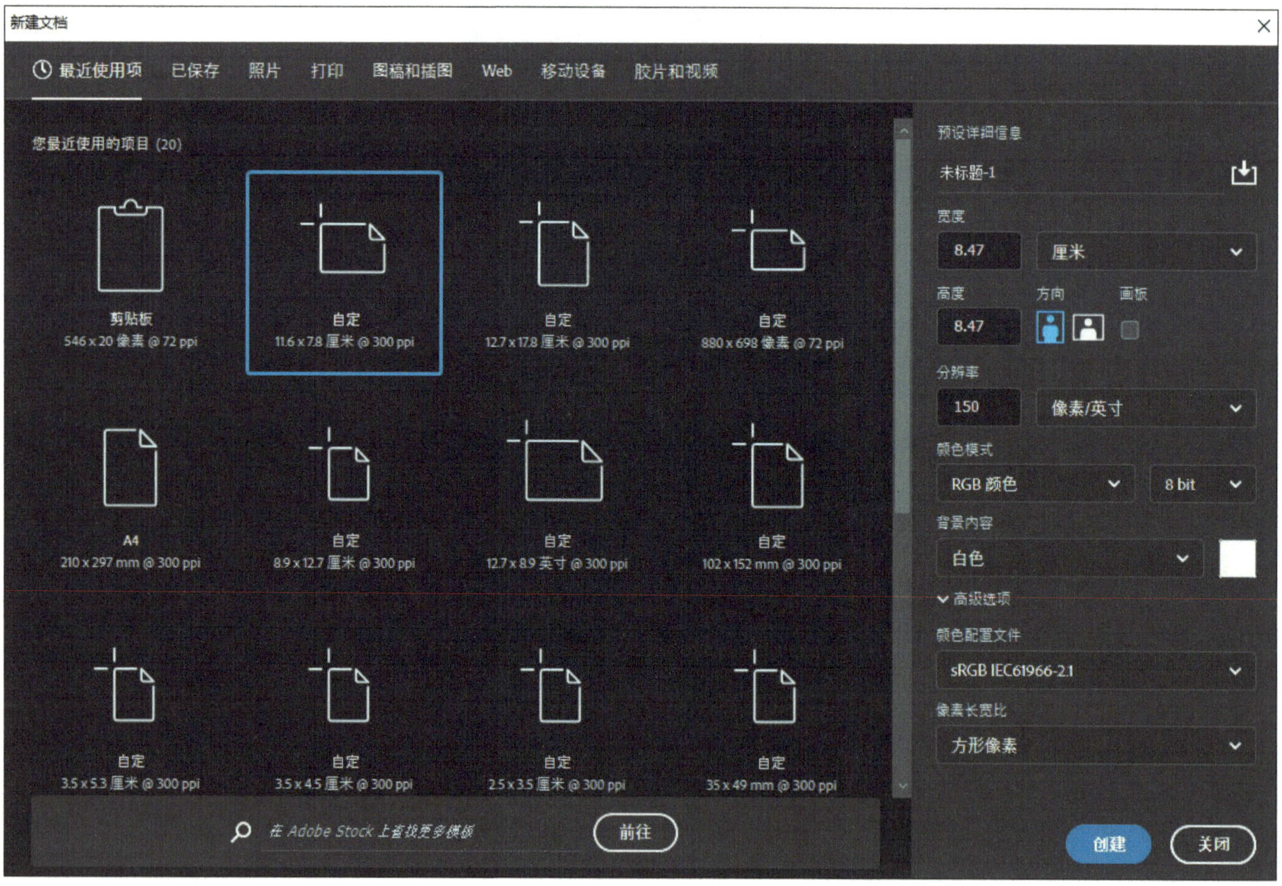

图　6-24

2）按快捷键<Ctrl+R>打开标尺，添加横向、竖向两条参考线。单击“图层”面板下方的“创建新图层”按钮，得到“图层1”图层，设置前景色为#a3a3a3。单击选中椭圆选框工具，将指针放在参考线确定的中心位置，按快捷键<Alt+Shift>，得到圆形选区，如图6-25所示。按快捷键<Alt+Delete>填充前景色，按快捷键<Ctrl+D>取消选区，效果如图6-26所示。双击

“图层1”图层，弹出“图层样式”对话框，为“图层1”添加投影，参数设置如图6-27所示，投影效果如图6-28所示。

3）新建“图层2”，设置前景色为白色。单击选中椭圆选框工具，将指针放在参考线确定的中心位置，按快捷键<Alt+Shift>得到圆形选区，再按快捷键<Alt+Delete>填充前景色，然后按快捷键<Ctrl+D>取消选区，效果如图6-29所示。

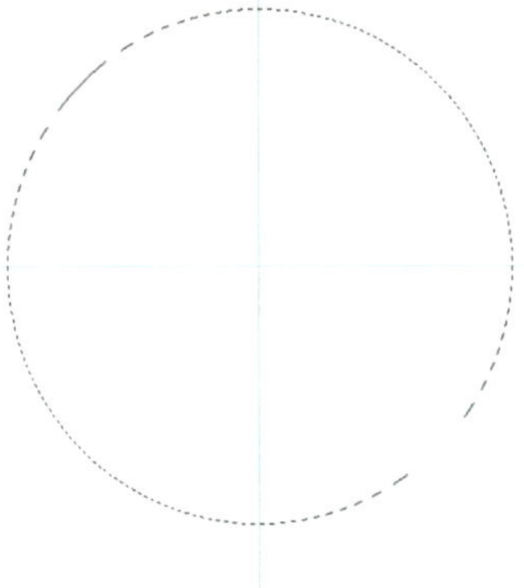

图 6-25

图 6-26

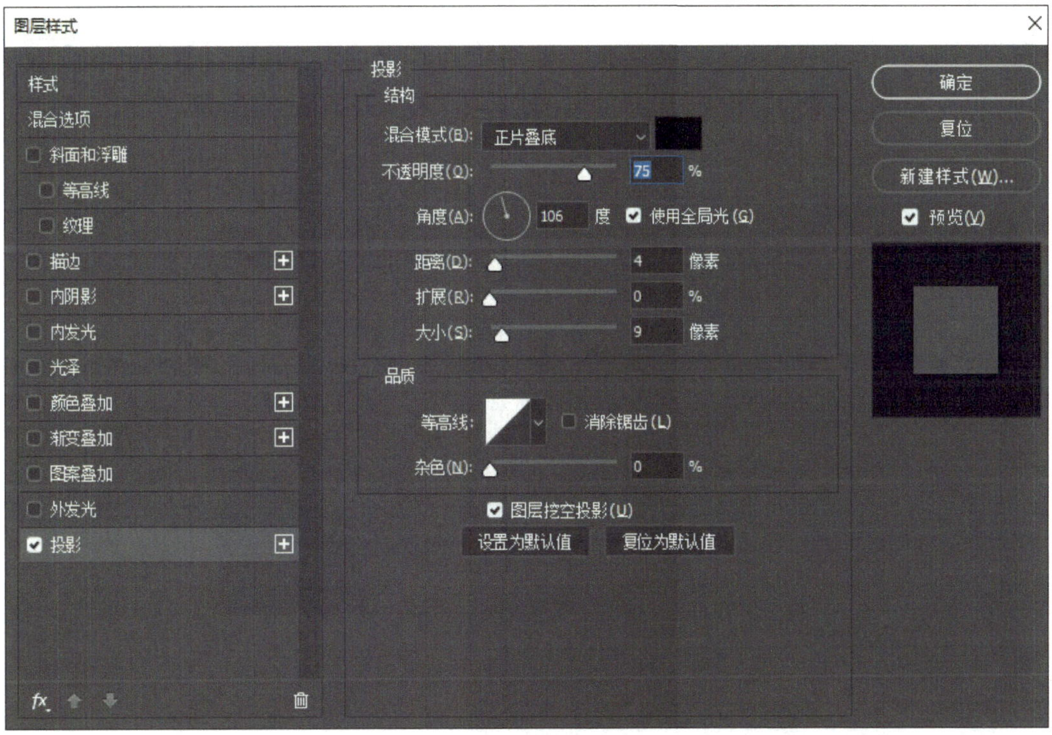

图 6-27

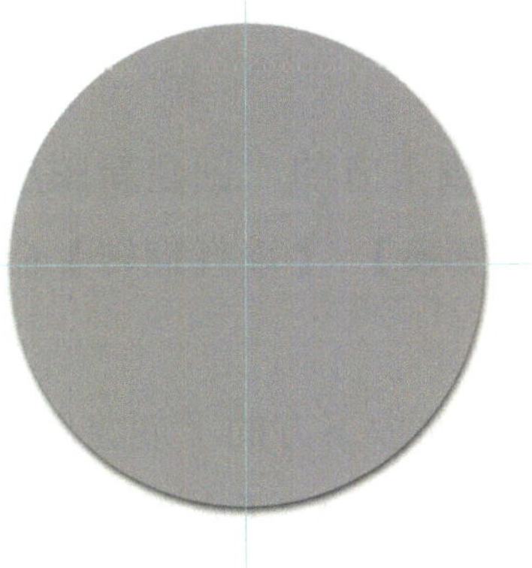

图 6-28

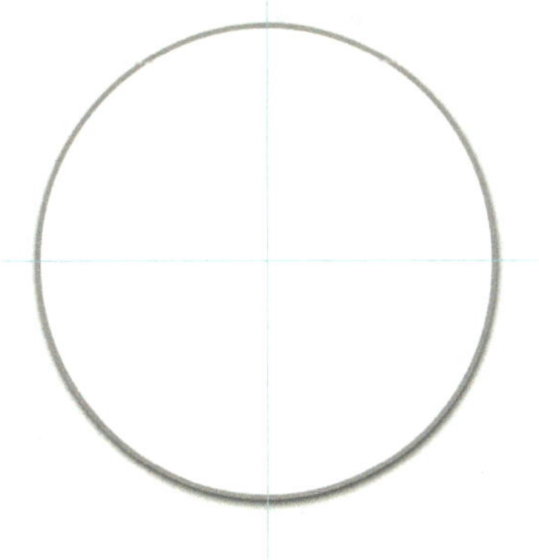

图 6-29

4）新建“图层3”，单击选中椭圆选框工具，将指针放在参考线确定的中心位置，按快捷键<Alt+Shift>得到圆形选区，如图6-30所示。单击选中矩形选框工具，按<Alt>键的同时拖动鼠标，将圆形选区的下半部减去，得到图6-31所示的选区。继续使用矩形选框工具，按<Alt>键的同时拖动鼠标，将圆形选区的右半部减去，得到图6-32所示的选区。

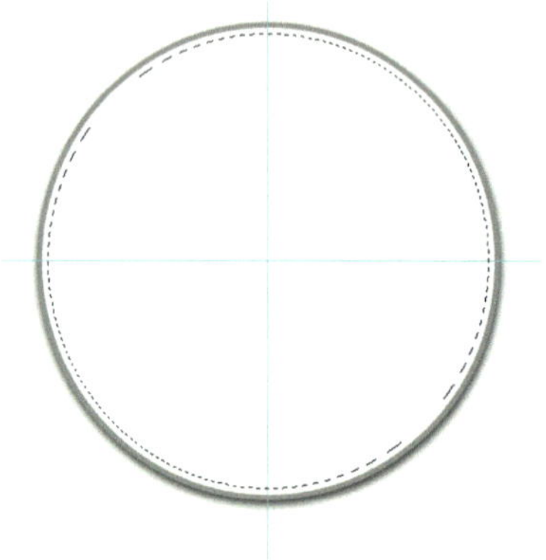

图 6-30

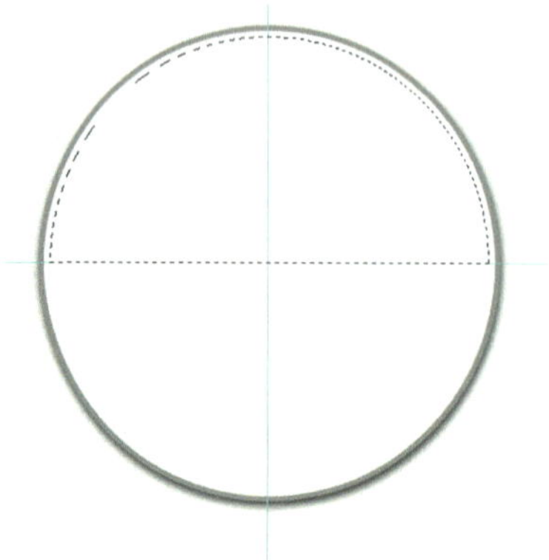

图 6-31

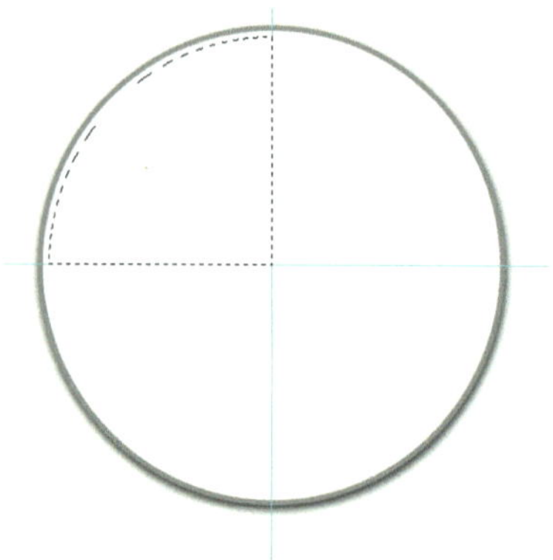

图 6-32

5）单击选中渐变工具，在其工具选项栏中单击渐变编辑器按钮，打开渐变编辑器。设置左色标颜色为#0098f3，设置右色标颜色为#005cbd，参数设置如图6-33所示。选中“图层3”，填充渐变，按快捷键<Ctrl+D>取消选区，效果如图6-34所示。

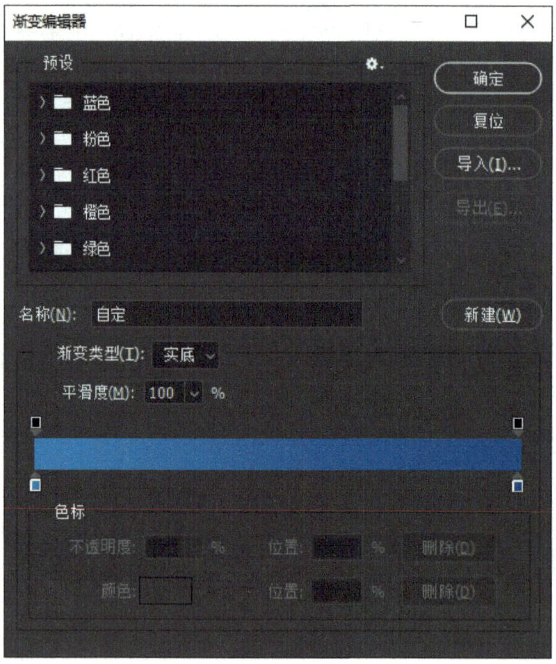

图 6-33

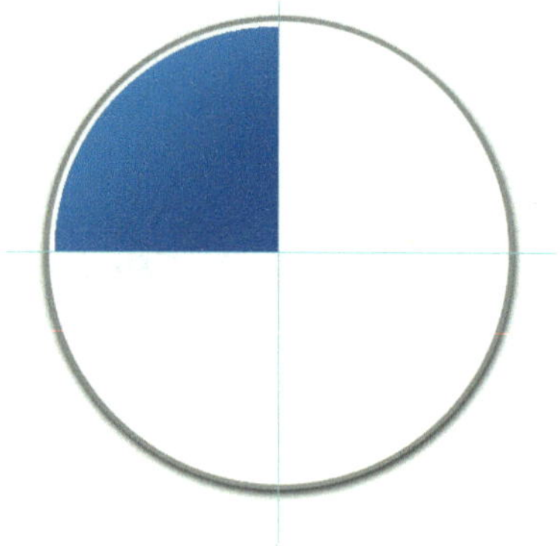

图 6-34

6）选中“图层3”图层，将其拖至“图层”面板下方的“创建新图层”按钮上，得到“图层3拷贝”图层。执行菜单栏中的【编辑】/【变换】/【垂直翻转】命令，再使用移动工具，将其移动至图6-35所示的位置。

7）选中“图层3拷贝”图层，将其拖至“图层”面板下方的“创建新图层”按钮上，得到“图层3拷贝2”图层。执行菜单栏中的【编辑】/【变换】/【水平翻转】命令，再使用移动工具，将其移动至图6-36所示的位置。

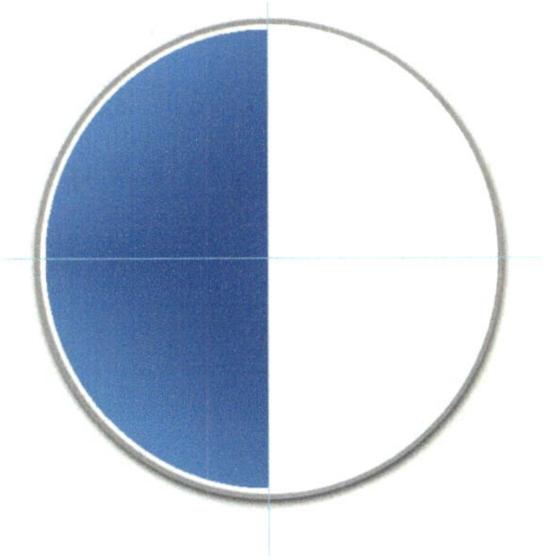

图 6-35

图 6-36

8）选中“图层3拷贝2”图层，将其拖至“图层”面板下方的“创建新图层”按钮⊞上，得到“图层3拷贝3”图层。执行菜单栏中的【编辑】/【变换】/【垂直翻转】命令，再使用移动工具，将其移动至图6-37所示的位置。按<Ctrl>键的同时单击“图层3拷贝3”缩略图，载入“图层3拷贝3”选区。使用渐变工具，设置左色标颜色为#3ba600，设置右色标颜色为#135600，为“图层3拷贝3”填充渐变，效果如图6-38所示。

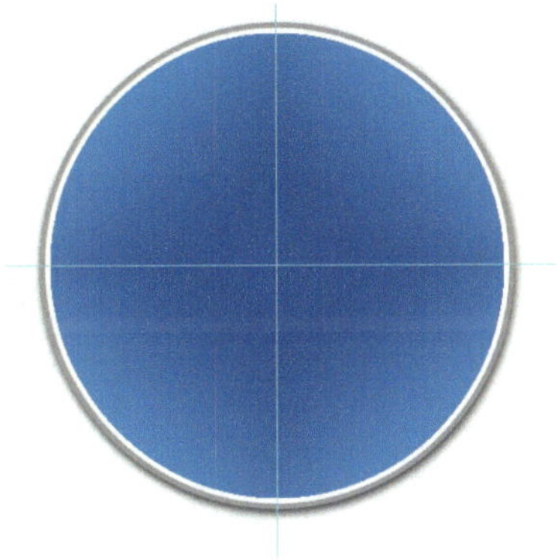

图 6-37

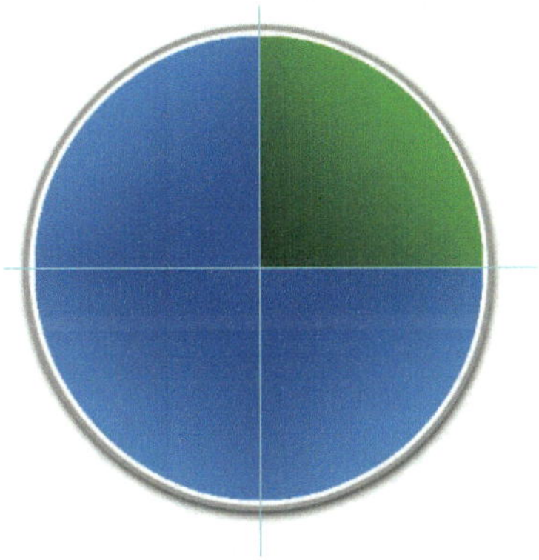

图 6-38

9）选中“图层3拷贝3”图层，按快捷键<Ctrl+E>，重复3次，将4个图层合并为“图层3”，如图6-39所示。

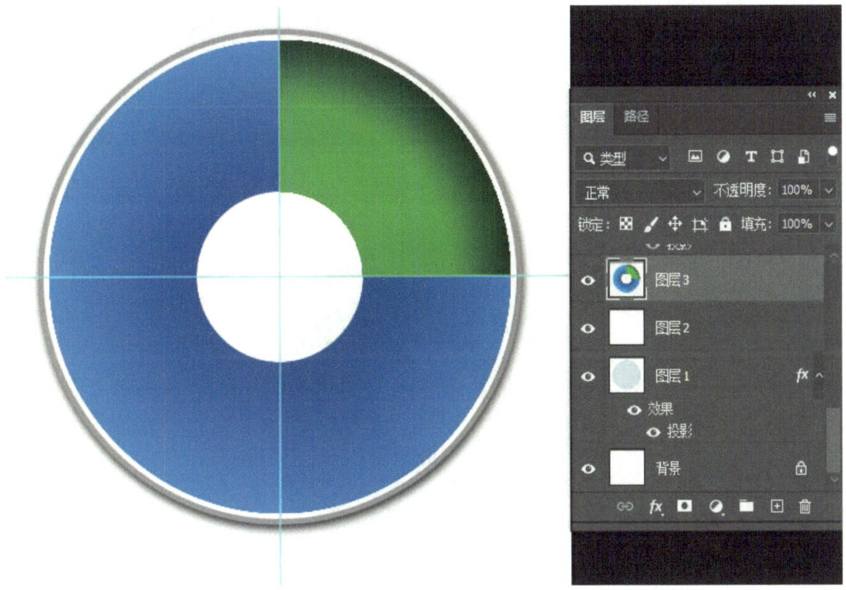

图 6-39

10）新建“图层4”图层，设置前景色为白色。单击选中椭圆选框工具，将指针放在参考线确定的中心位置，按快捷键<Alt+Shift>得到圆形选区，再按快捷键<Alt+Delete>填充前景色，然后按快捷键<Ctrl+D>取消选区，效果如图6-40所示。双击“图层4”图层，弹出“图层样式”对话框，为“图层4”添加内阴影，参数设置如图6-41所示，阴影效果如图6-42所示。

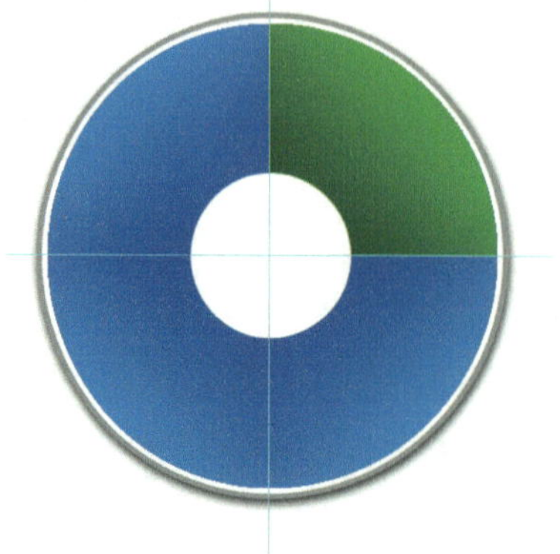

图　6-40

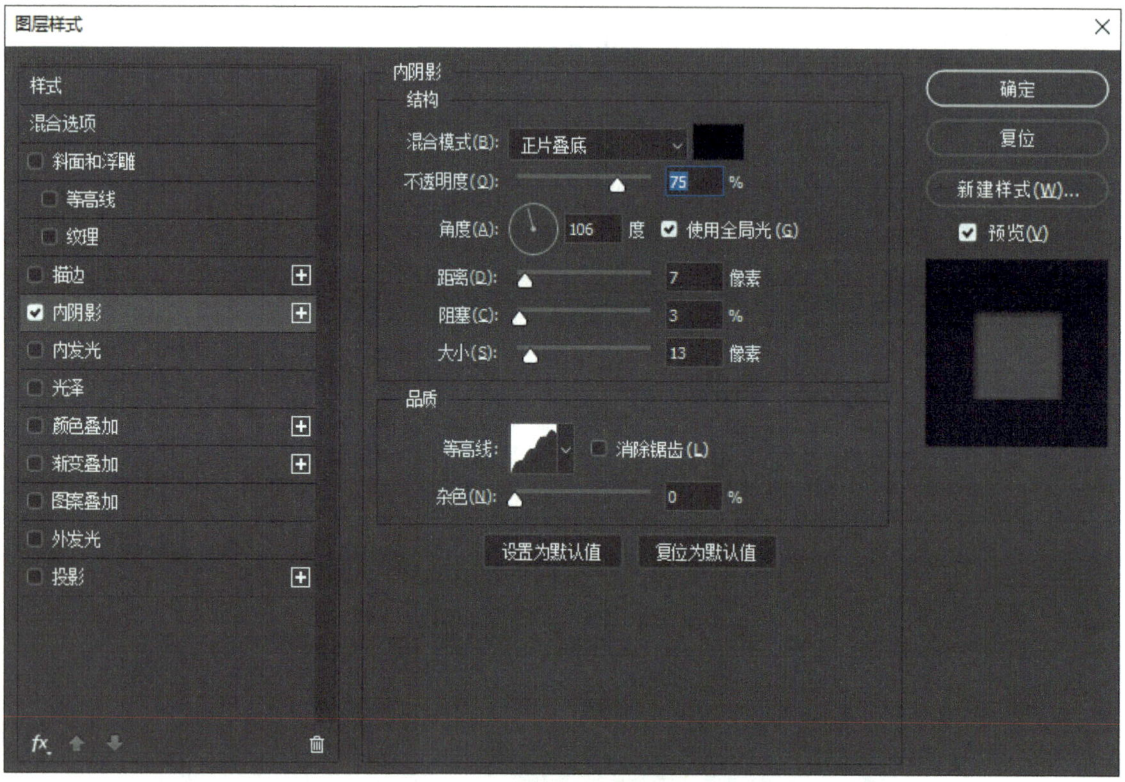

图　6-41

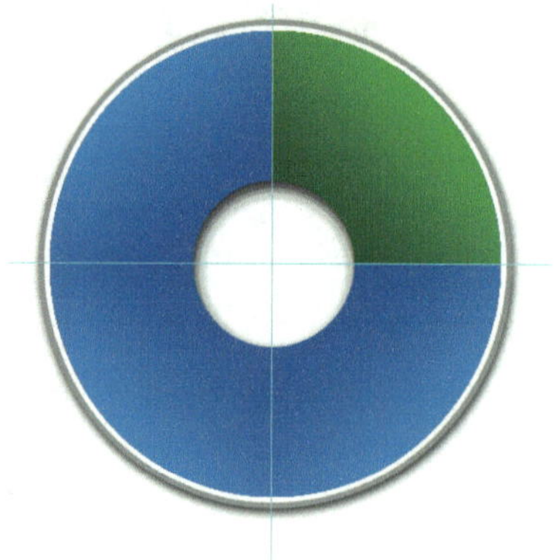

图　6-42

11）分别打开项目6中的素材图标1.psd、图标2.psd、图标3.psd和图标4.psd，使用移动工具，将它们移至图6-43所示的位置。

12）输入文字“查询”“在线咨询”“留言评论”和“购物车”。最终效果如图6-44所示。

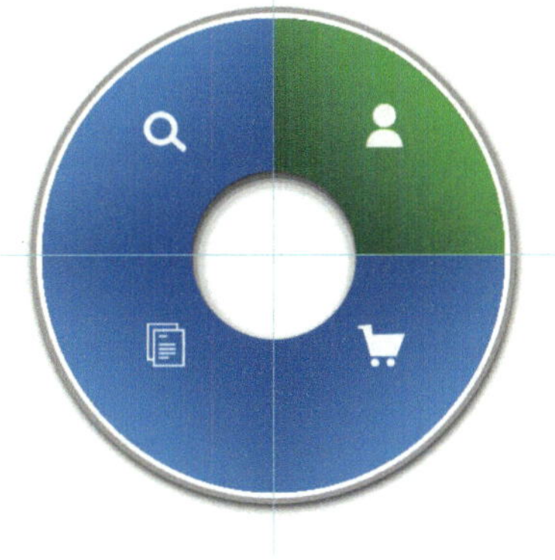

图 6-43

图 6-44

任务拓展

请为“天天购”购物网站“触屏版”设计一个“自主购物”图标。

任务总结

通过本任务的学习，学会了图标的设计方法，掌握了Photoshop CC 2021中渐变及图层样式的使用方法。

项目7

出神入化之多彩滤镜

项目情境

日常生活中经常看到一些从现实照片演化而来的图像，它们或抽象而有趣，或美丽而精致，它们用自己的方式吸引着人们的视线，传递着丰富的情感，让设计可以展现出多种多样的姿态，就像摄影师们在照相机的镜头前加上各种特殊镜片拍出来的照片一样，这就是Photoshop中的工具——滤镜。

项目概要

特殊镜片的思想延伸到计算机的图像处理技术中，便产生了“滤镜”（Filter），也称为“滤波器”。它是一种特殊的图像效果处理技术。滤镜遵循一定的程序算法，对图像中像素的颜色、亮度、饱和度、对比度、色调、分布和排列等属性进行计算和变换处理，从而使图像产生特殊效果。生活中平淡无奇的照片通过滤镜的处理就可以给人不一样的视觉感受。

项目学习目标

本项目主要利用Photoshop CC 2021中的各种滤镜，对已有的图片进行处理，从而制作出符合各种用途的精彩图像。

任务1 炫彩烟花

扫一扫
查看教学视频

任务情境

某学校要制作一幅新年宣传海报，其中需要有一个五彩烟花的效果，但是没有找到合适的图片，所以要使用现有的素材制作一个烟花的效果用于装饰海报。制作的烟花效果要求色彩丰富，美丽逼真。

任务实施

1）执行菜单栏中的【文件】/【打开】命令，打开项目7中的素材图片“任务1.jpg”，如图7-1所示。

图 7-1

2）执行【滤镜】/【像素化】/【马赛克】命令，打开“马赛克”对话框，按图7-2所示进行设置。

图 7-2

3）执行【滤镜】/【滤镜库】/【风格化】/【照亮边缘】命令，打开“照亮边缘”对话框，参数设置如图7-3所示。

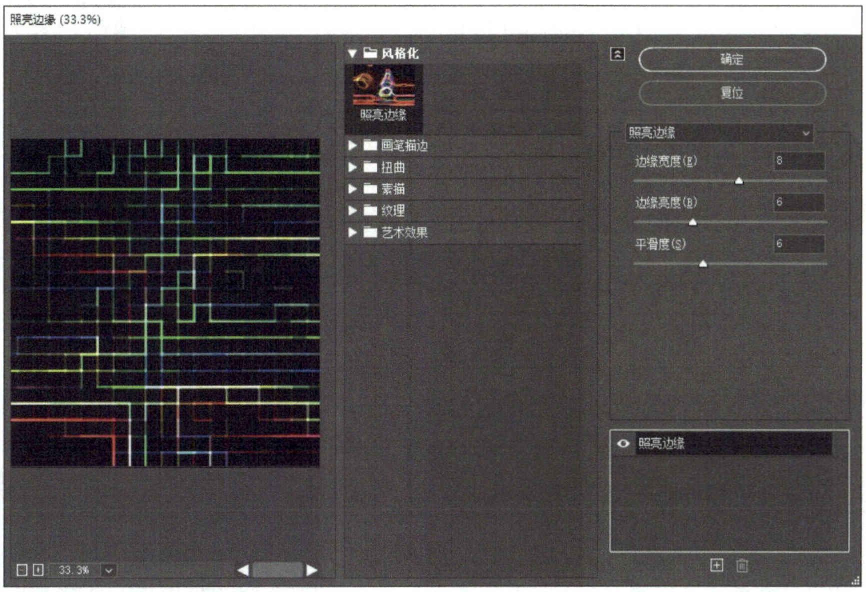

图 7-3

4）按快捷键<Ctrl+J>复制“背景”图层，得到“图层1”图层，如图7-4所示。

5）执行【编辑】/【变换】/【顺时针旋转90度】命令，翻转“图层1”得到图7-5所示的效果。

图 7-4

图 7-5

6）更改“图层1”的混合模式为“变暗”，如图7-6所示。

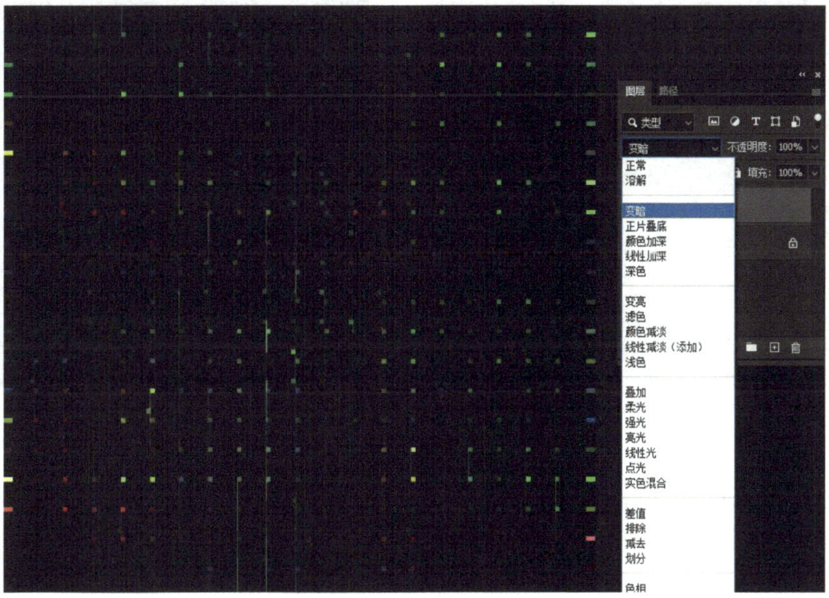

图 7-6

7）按快捷键<Ctrl+Shift+Alt+E>盖印当前所有图层效果，得到“图层2”，如图7-7所示。（此操作的目的是合并所有可见图层，并独立建立一个图层）。

8）删除其余图层，如图7-8所示。

9）使用椭圆选框工具在中心绘制椭圆选区，如图7-9所示。

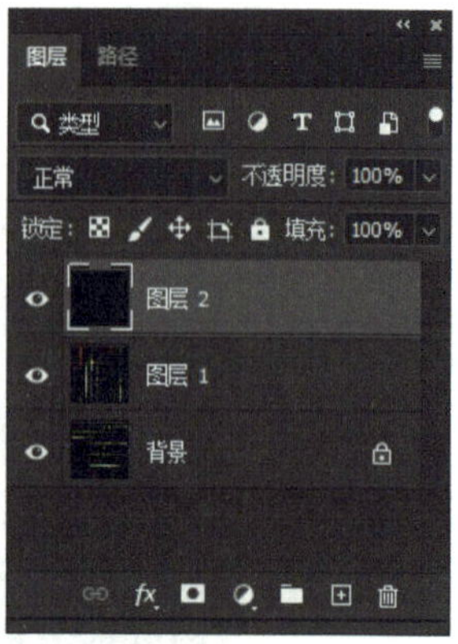

图 7-7

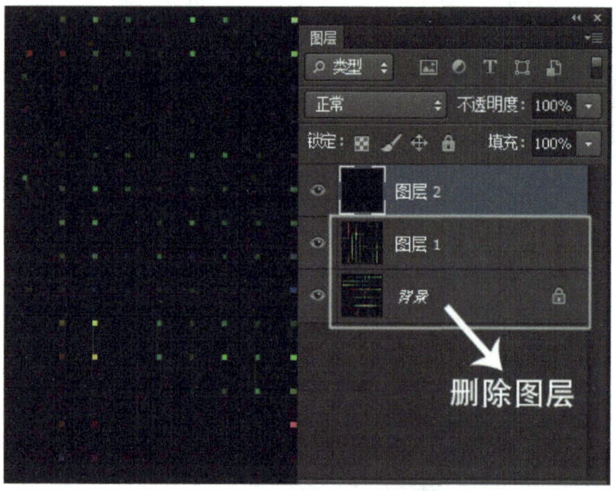

图 7-8

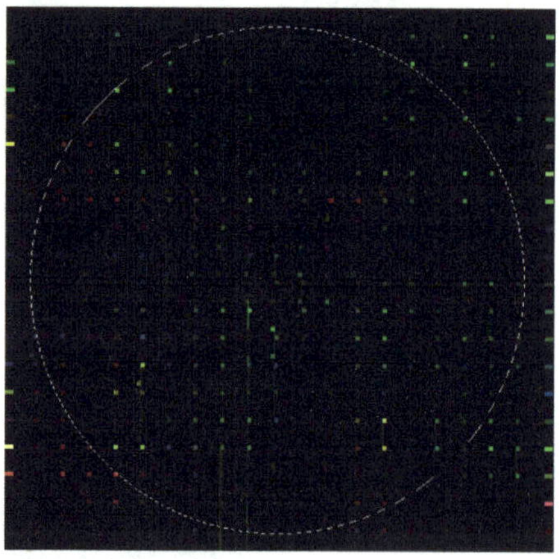

图 7-9

10）执行【滤镜】/【扭曲】/【球面化】命令，把选区内的图像进行变形，参数设置如图7-10所示，效果如图7-11所示。

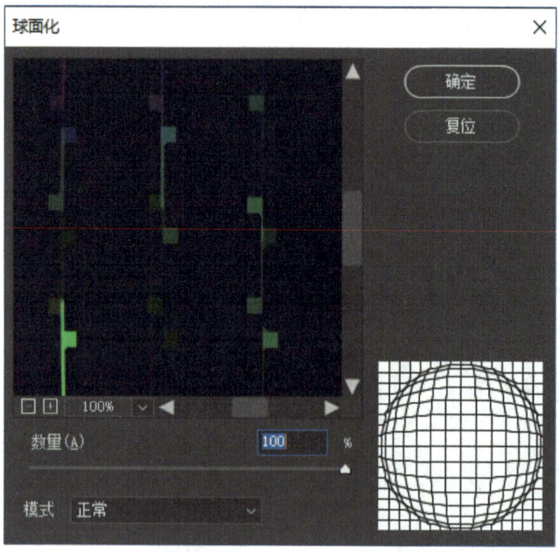

图 7-10

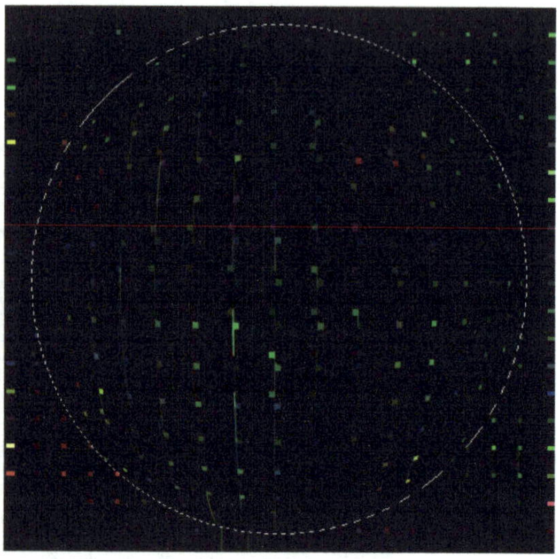

图 7-11

11）保持当前的选区，按快捷键<Ctrl+J>，复制当前内容在新的“图层3”上，效果如图7-12所示。

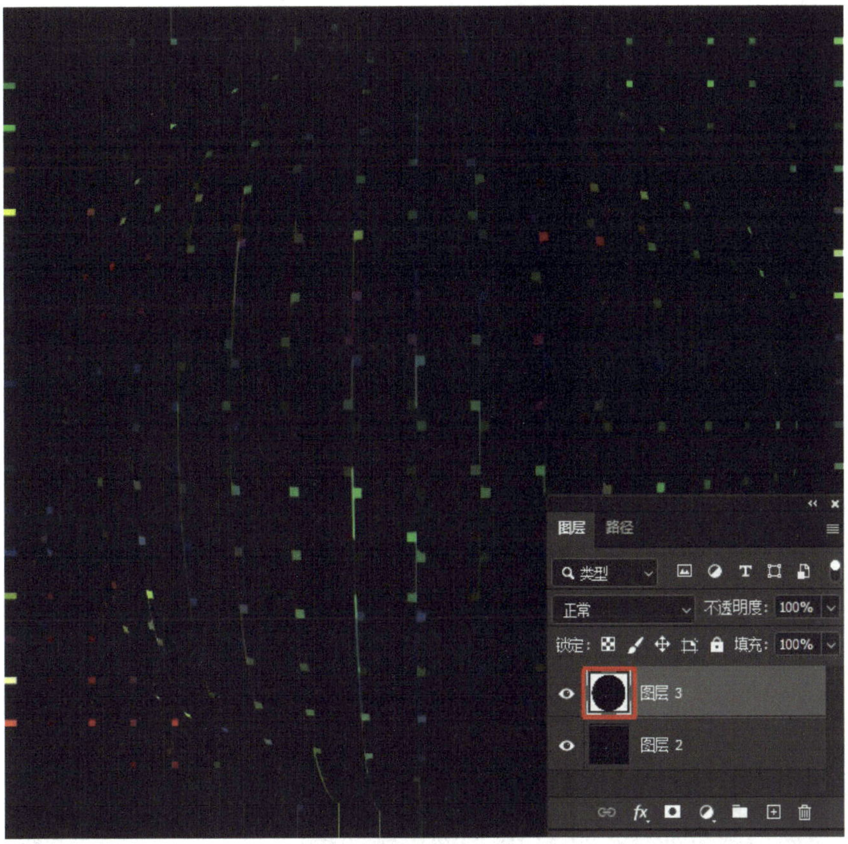

图 7-12

12）在“图层2”中填充#680130颜色，效果如图7-13所示。

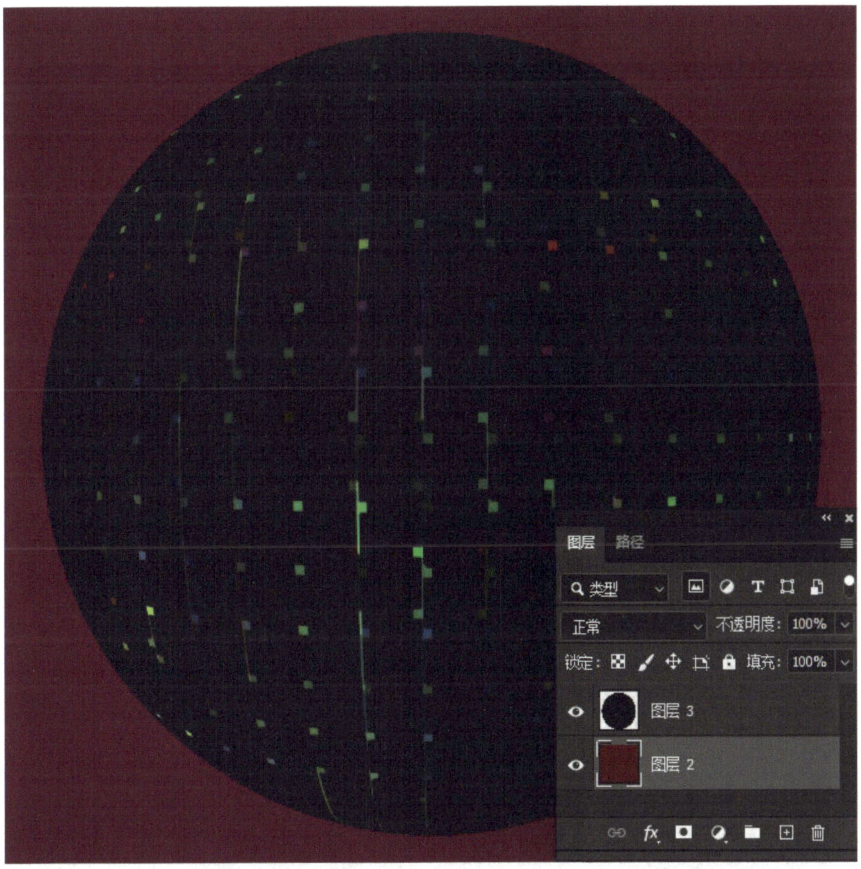

图 7-13

13）更改“图层3”的混合模式，如图7-14所示。

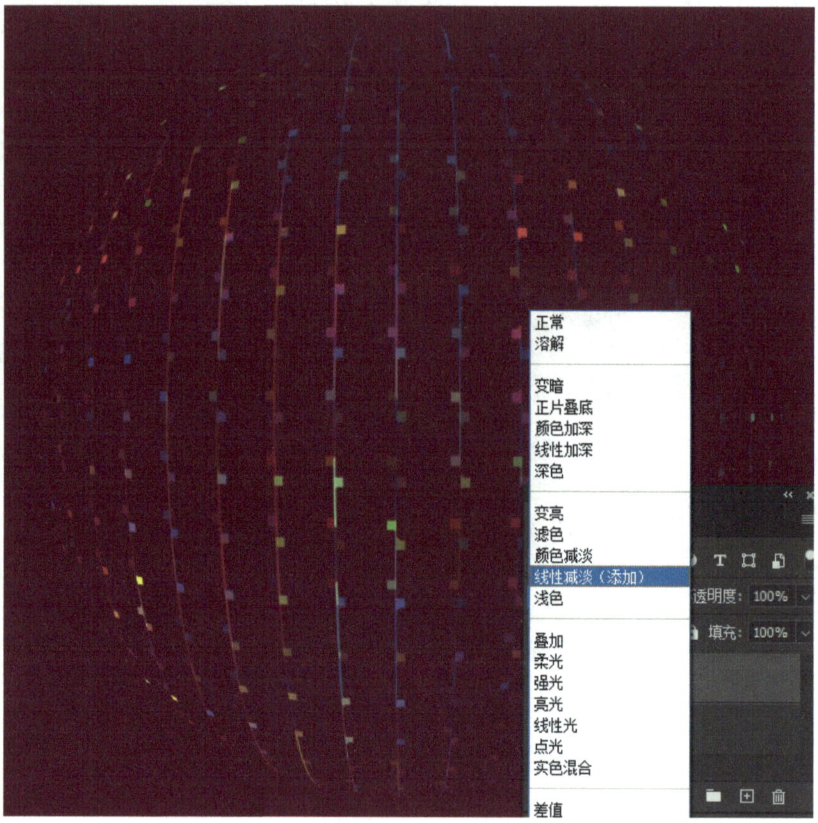

图 7-14

14）重复多次按快捷键<Ctrl+J>，复制多次“图层3”，这样颜色会更加鲜艳明快，效果如图7-15所示。

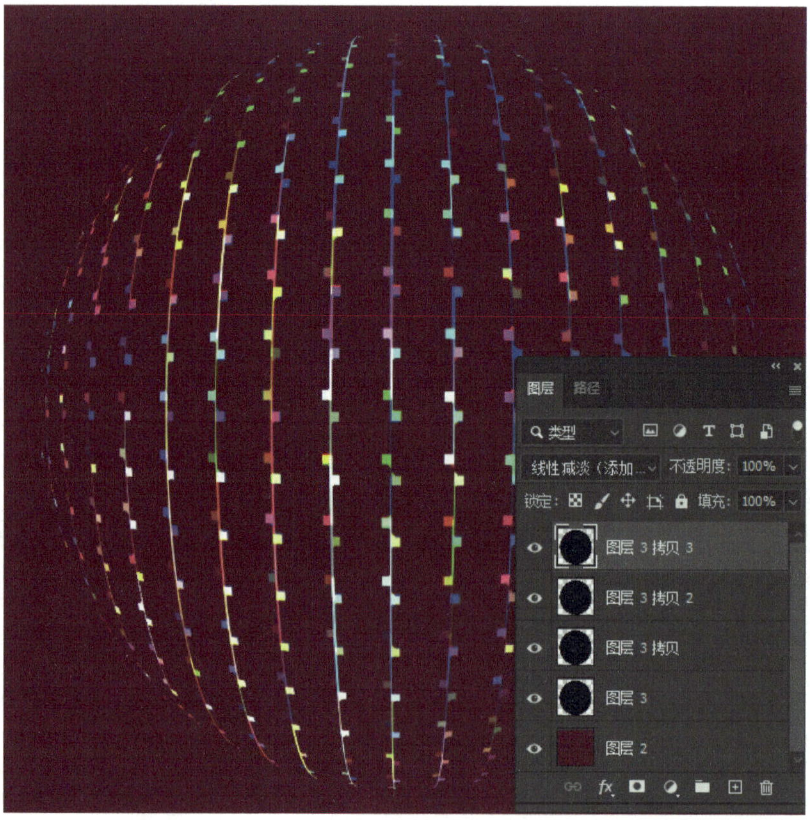

图 7-15

15）选中“图层3”和其他三个副本，如图7-16所示，按快捷键<Ctrl+E>合并这四个图层，如图7-17所示。

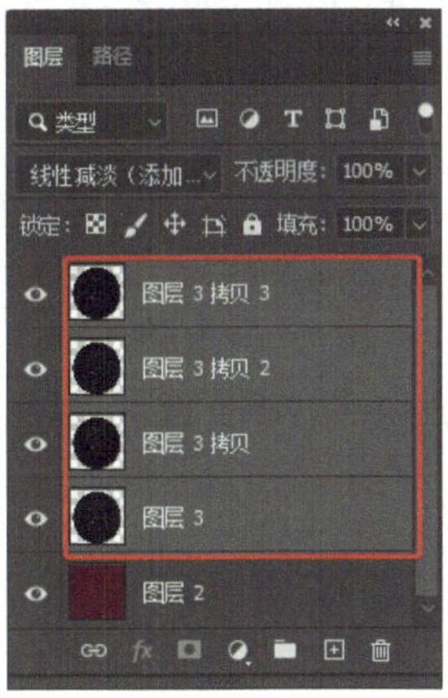

图 7-16

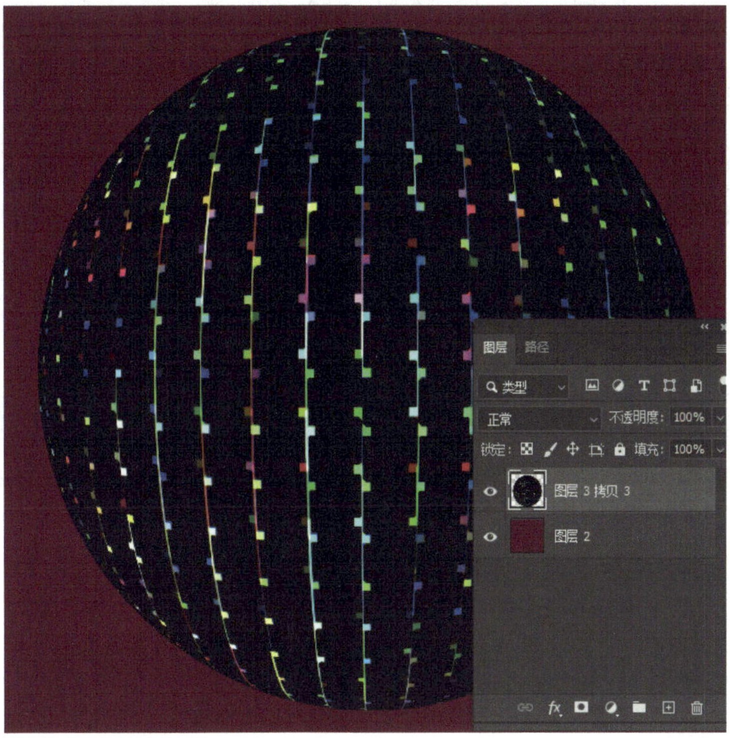

图 7-17

16）更改“图层3拷贝3”的混合模式，如图7-18所示。

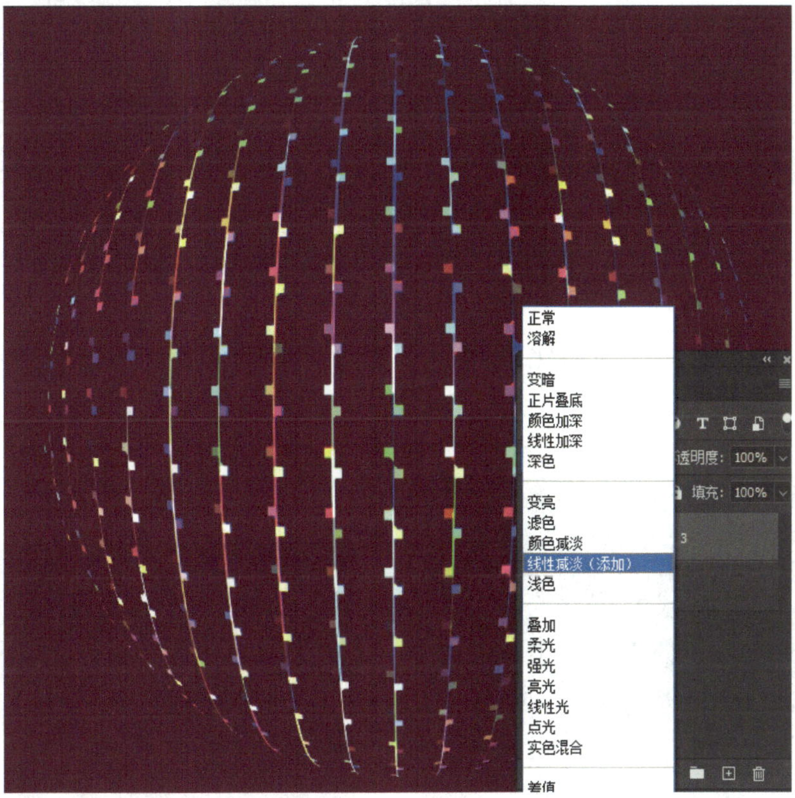

图 7-18

17）执行【滤镜】/【滤镜库】/【艺术效果】/【干画笔】命令，把方形转化成圆形，参数设置如图7-19所示，效果如图7-20所示。

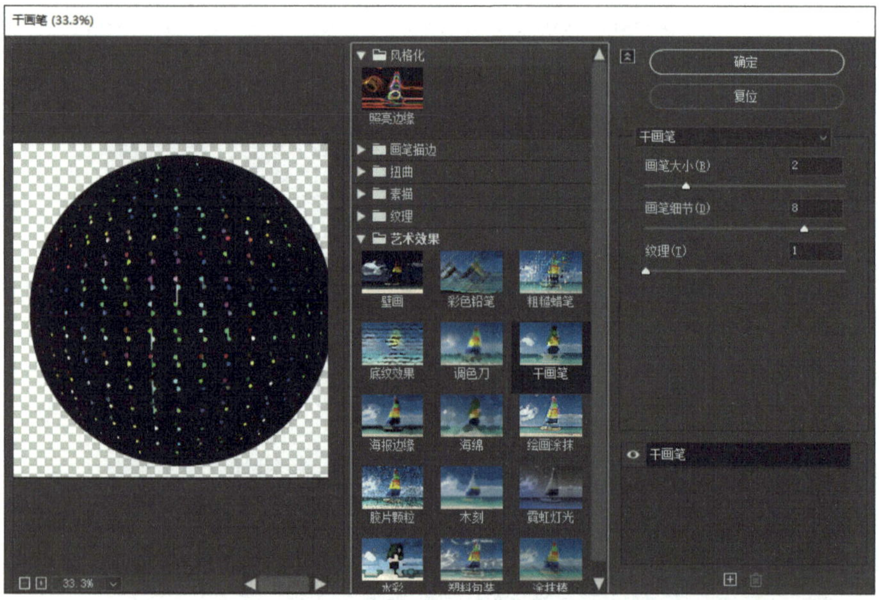

图　7-19

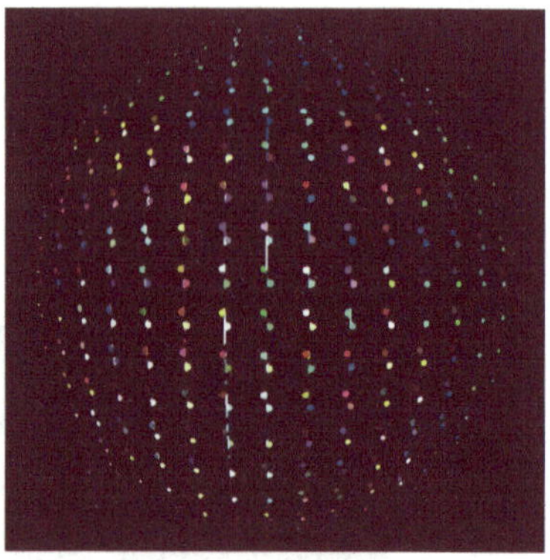

图　7-20

18）执行【滤镜】/【扭曲】/【极坐标】命令，打开“极坐标”对话框，参数设置如图7-21所示，效果如图7-22所示。

19）执行【编辑】/【变换】/【顺时针旋转90度】命令，将当前图层翻转一下，效果如图7-23所示。

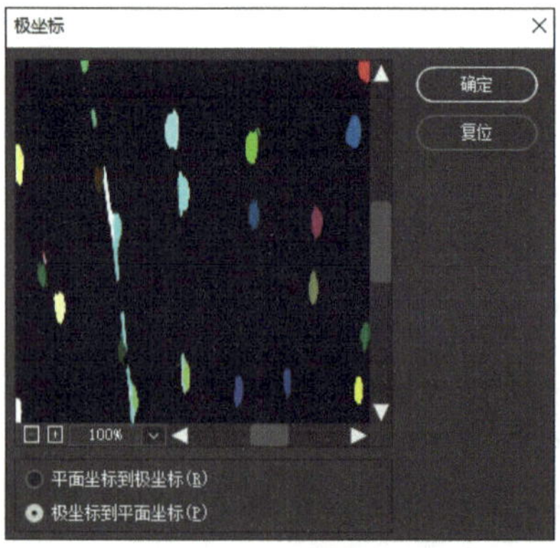

图　7-21

图　7-22

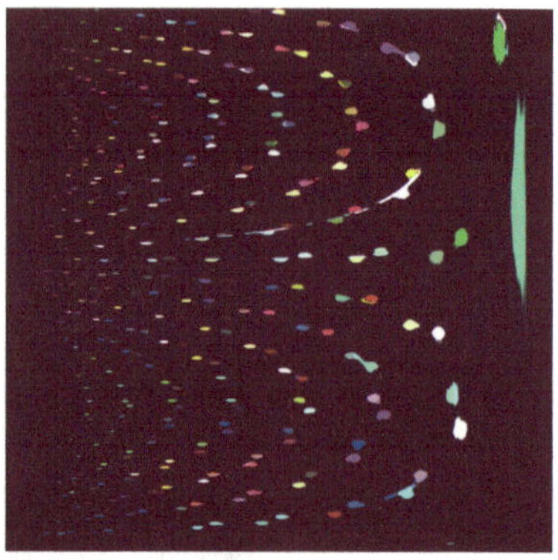

图　7-23

20）执行两次【滤镜】/【风格化】/【风】命令，参数设置如图7-24所示，效果如图7-25所示。

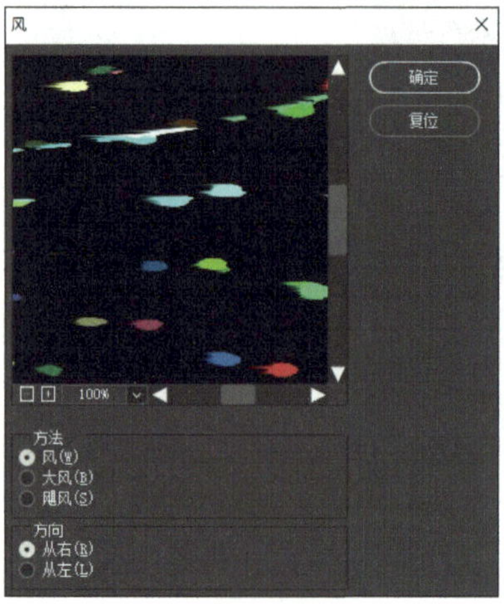

图　7-24

图　7-25

21）执行【编辑】/【变换】/【逆时针旋转90度】命令，将当前图层翻转回原来的位置，效果如图7-26所示。

22）执行【滤镜】/【扭曲】/【极坐标】命令，打开“极坐标”对话框，参数设置如图7-27所示，最终效果如图7-28所示。

图 7-26

图 7-27

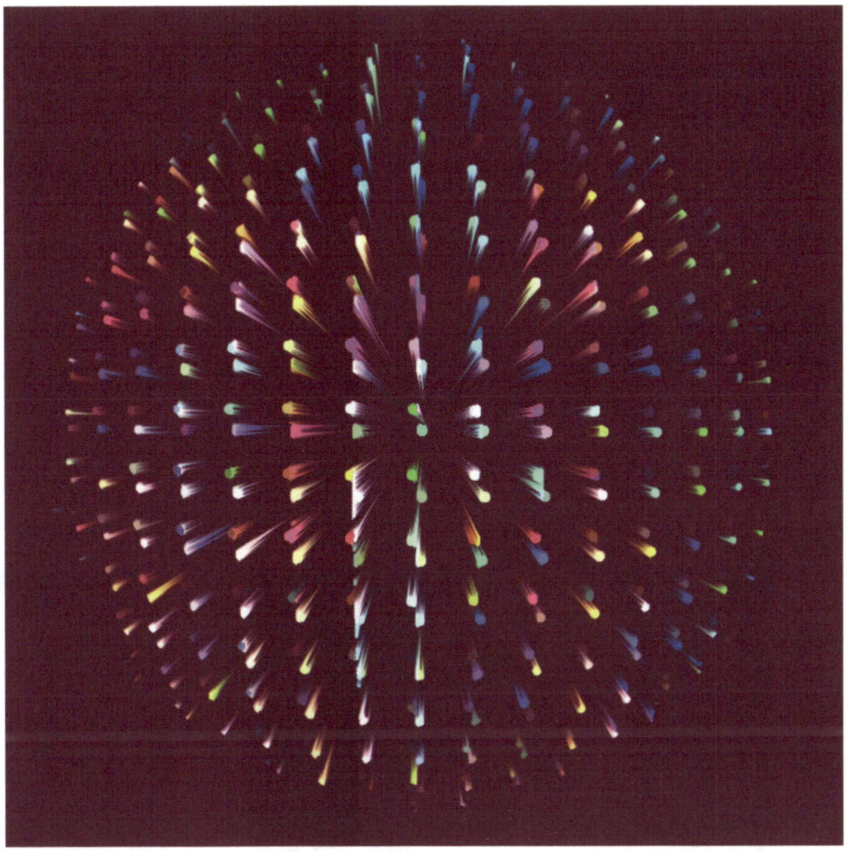
图 7-28

任务拓展

对图7-29所示的图片按照本任务中的操作过程，制作一幅新的炫彩背景图。

图 7-29

任务总结

通过本任务的学习，可掌握几个滤镜的使用技巧，不同滤镜的组合使用可以产生出其不意的效果。

任务2 可爱相框

扫一扫
查看教学视频

任务情境

某学校要制作一面照片墙，需要给每一张照片加上活泼可爱的边框效果，制作成色彩丰富、形状多样的照片集锦。

任务实施

1）执行菜单栏中的【文件】/【打开】命令，打开项目7中的素材图片“任务2.jpg”，如图7-30所示。

2）使用矩形选框工具，在图中绘制选区，如图7-31所示。

图 7-30

图 7-31

3）按快捷键<Shift+Ctrl+I>反选当前的选区。单击按钮，进入快速蒙版编辑状态，如图7-32所示。

4）执行【滤镜】/【像素化】/【彩色半调】命令，打开“彩色半调”对话框，参数设置如图7-33所示，效果如图7-34所示。

5）执行【滤镜】/【像素化】/【碎片】命令，效果如图7-35所示。

图 7-32

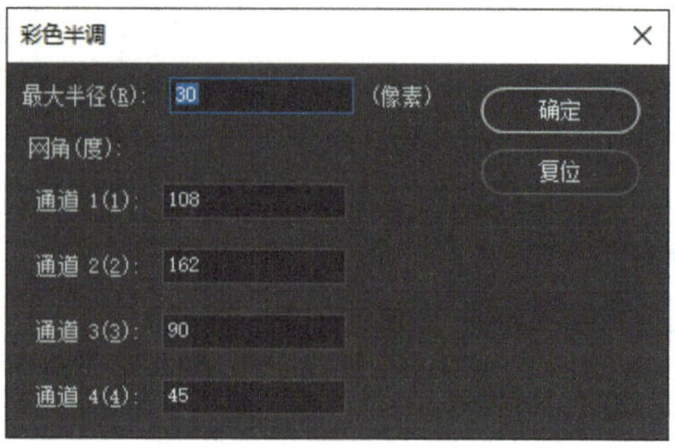

图 7-33

图 7-34

图 7-35

6）执行【滤镜】/【锐化】/【锐化】命令（见图7-36），再按快捷键<Ctrl+F>，执行两次锐化命令，得到图7-37所示的效果。

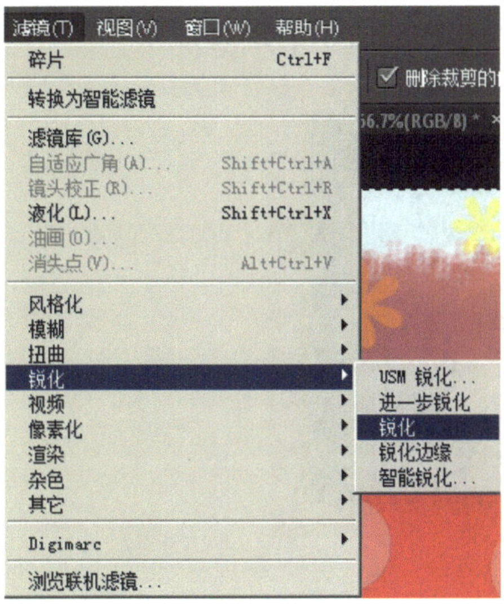

图 7-36

图 7-37

7）单击按钮，退出快速蒙版编辑状态，如图7-38所示。

8）复制“背景”图层，如图7-39所示。

图 7-38

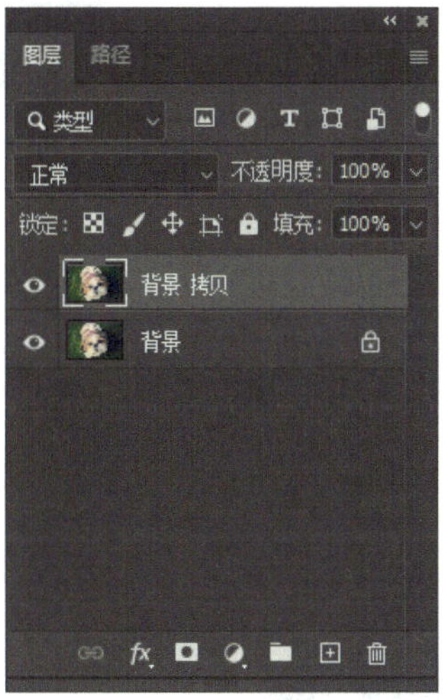

图 7-39

9）按<Delete>键，将“背景拷贝”选区内的内容删除，然后把“背景”图层删除，得到图7-40所示的效果。

10）在“图层”面板中，单击“新建图层”按钮新建一个“图层1”，然后把“图层1”移至“背景拷贝”图层下面，如图7-41所示。

图　7-40

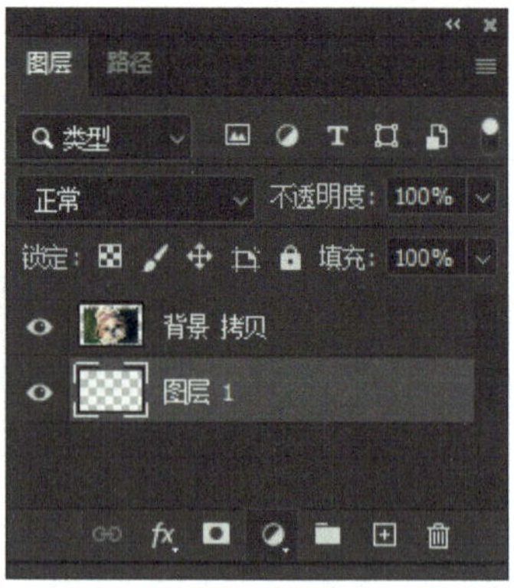

图　7-41

11）在“图层1”中用颜色# f19f3c进行填充，得到图7-42所示的最终效果。

图　7-42

任务拓展

为图7-43所示的图片制作一个相框。

图　7-43

任务总结

通过本任务的学习，可掌握滤镜与快速蒙版结合使用的技巧，在快速蒙版中运用不同的滤镜组合可以产生意想不到的效果。

项目8

桴鼓相应之知行合一

项目情境

Photoshop在各行各业有着广泛的应用。例如，人们使用的物品包装、正在阅读的图书、随时可以看到的招贴和海报等，这些精美的平面印刷品，基本上都需要使用Photoshop对图像进行处理。

项目概要

本项目将Photoshop软件基本知识应用于字体设计、海报设计等作品中，利用创新思维，将造型与主题相结合，创作出优秀的平面设计作品。

项目学习目标

本项目的学习目标是巩固Photoshop软件基本知识，学习设计的相关内容。通过真实的字体设计、海报设计等任务，掌握Photoshop的基本操作和版式设计的理念、构成和方法，从而创作出更多的优秀作品。

任务1 字体设计

扫一扫
查看教学视频

任务情境

利用Photoshop可以制作出各种个性字体，这些艺术化处理后的文字可以为平面作品增加绚丽效果。

任务实施

1）执行菜单栏中的【文件】/【新建】命令，在弹出的对话框中设置各选项及参数，如图8-1所示。

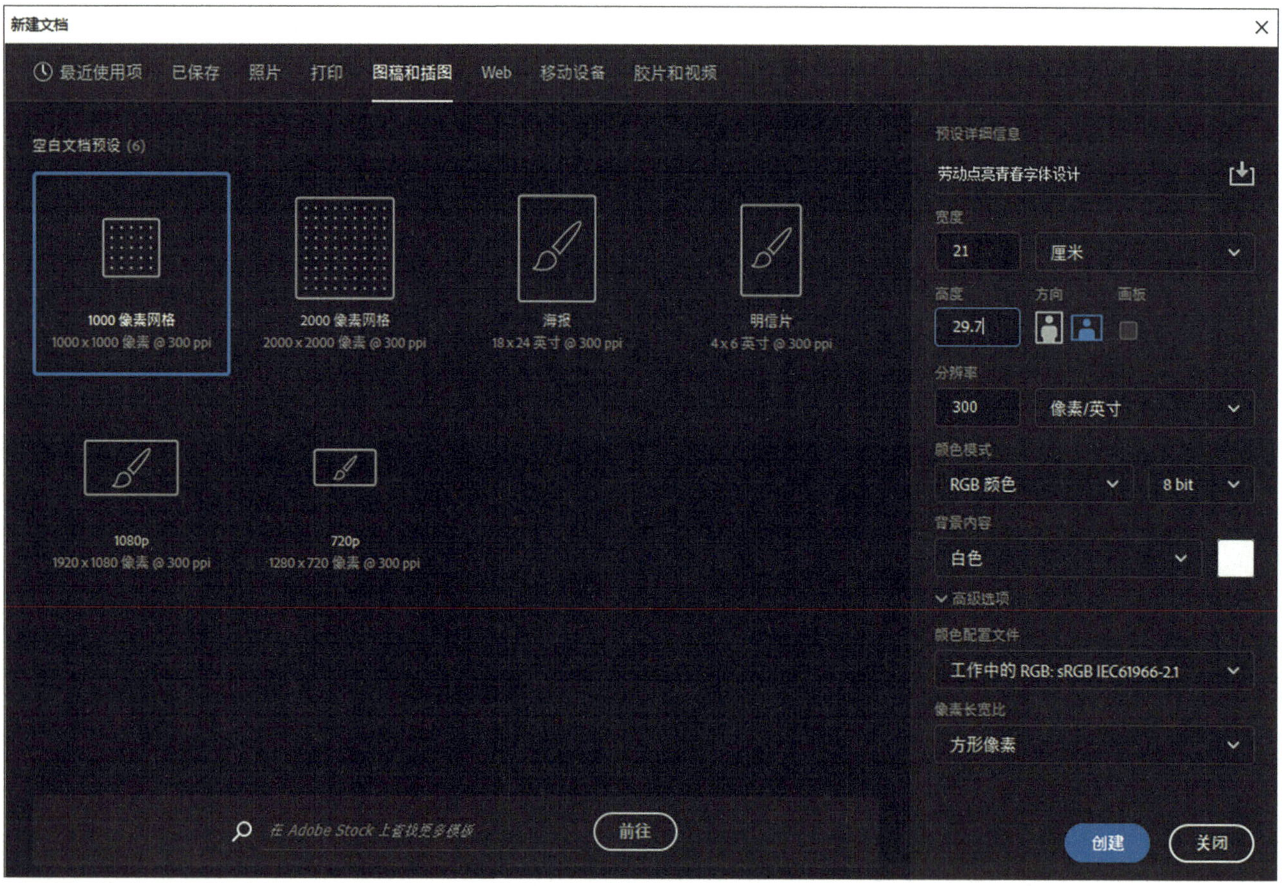

图 8-1

2）使用横排文字工具T，分别输入文字“劳”“动”“点”“亮”“青”“春”，设置字体为“联盟起艺卢帅正锐黑体Regular”、字号分别为182和110、颜色值为#d84366（红色），效果如图8-2所示。

3）单击“图层”面板“点”和“亮”两个文字图层，按快捷键<Ctrl+E>，合并两个图层得到新图层，命名为“图层1”，如图8-3所示。

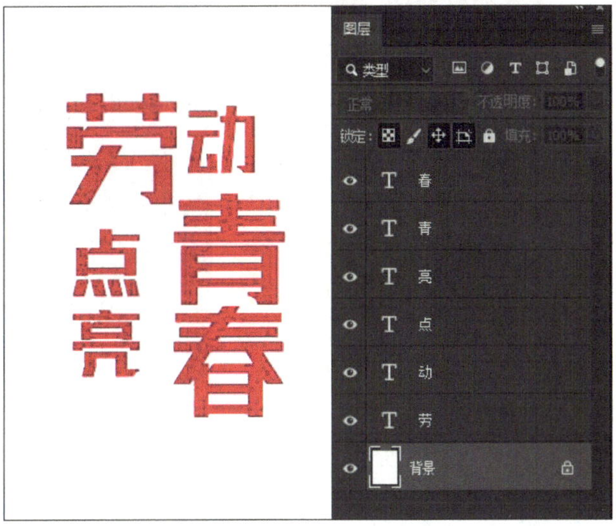

图　8-2

图　8-3

4）按<Ctrl>键的同时单击“图层1”缩略图，调出“点”和“亮”两个字载入选区。使用渐变工具，调整渐变颜色，黄色渐变#fbd37d至#fbc72a，在选区中由上到下拖动鼠标，得到黄色渐变的两个字，效果如图8-4所示。

5）重复步骤4），将“青”“春”两个字也做黄色渐变，效果如图8-5所示。

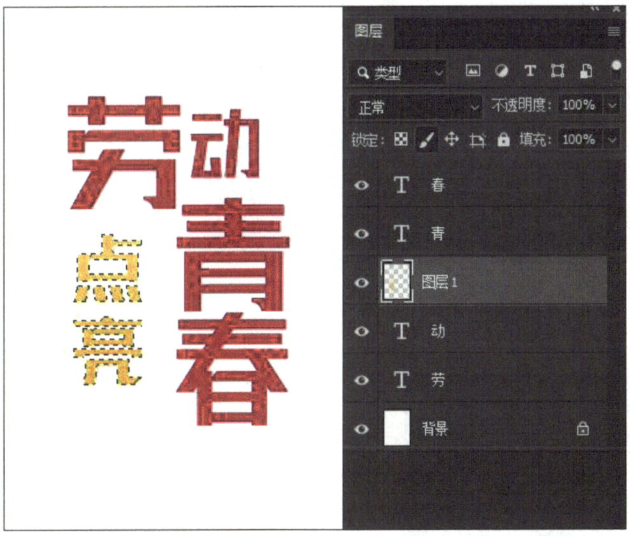

图　8-4

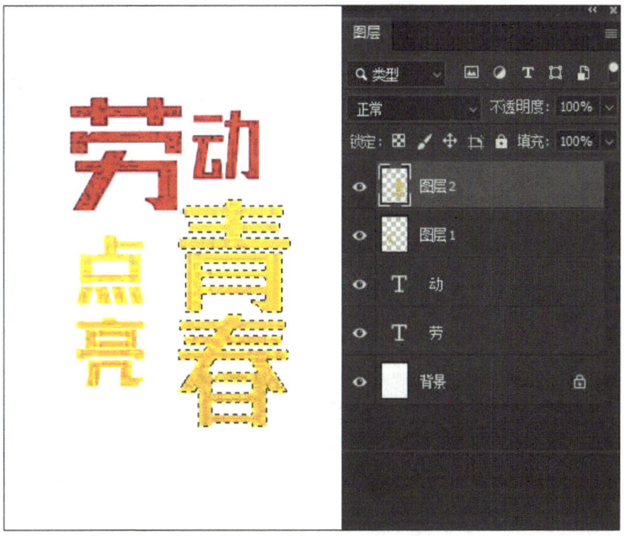

图　8-5

6）按<Alt>键的同时选中“图层”面板中的所有文字图层，按快捷键<Ctrl+E>合并所有图层为“图层2”，效果如图8-6所示。

7）执行【文件】/【打开】命令，打开项目8中的素材图片“任务1-1.png”。使用移动工具，将素材移动到“劳动点亮青春字体设计”文件中，并按住快捷键<Ctrl+T>调整图片大小，与“图层2”字体大小一致，效果如图8-7所示。

8）双击“图层1”，打开“图层样式”对话框，添加描边和投影，参数设置如图8-8和图8-9所示，效果如图8-10所示。

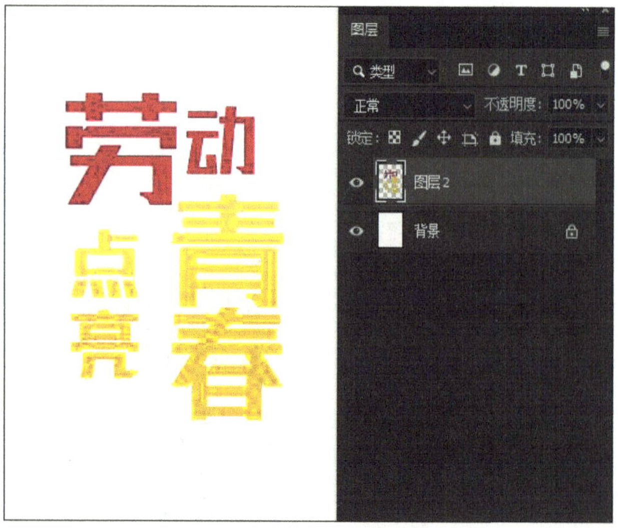

图 8-6

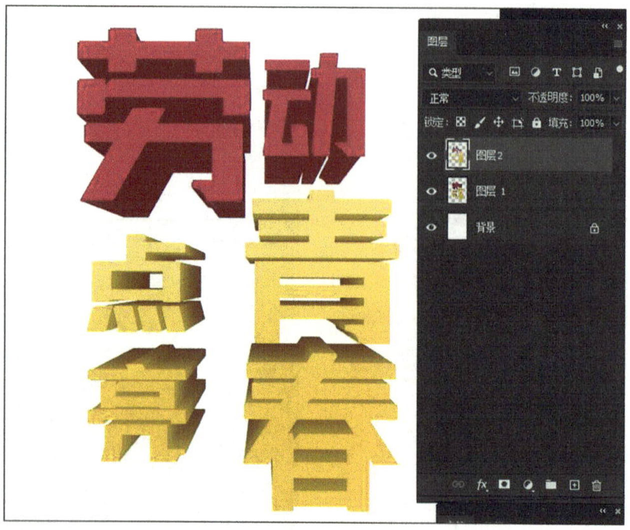

图 8-7

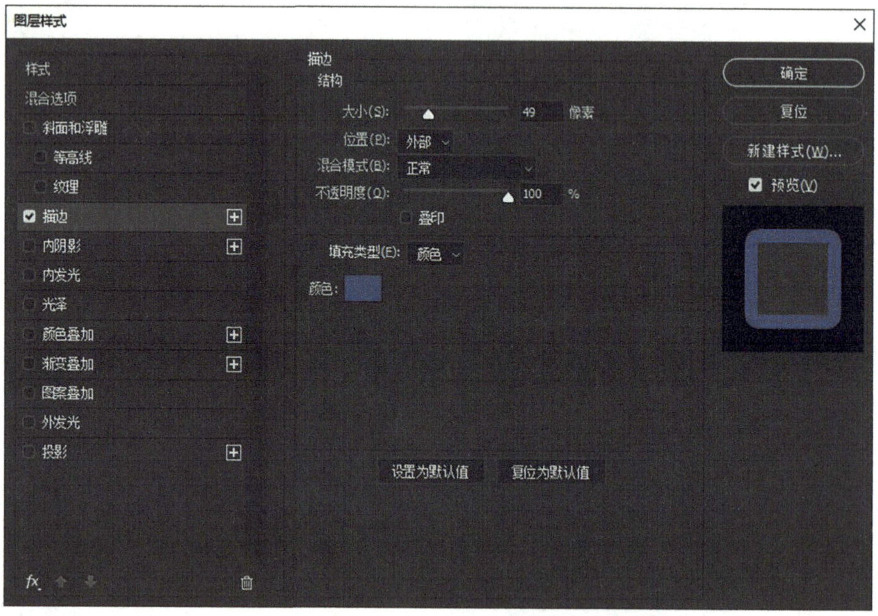

图 8-8

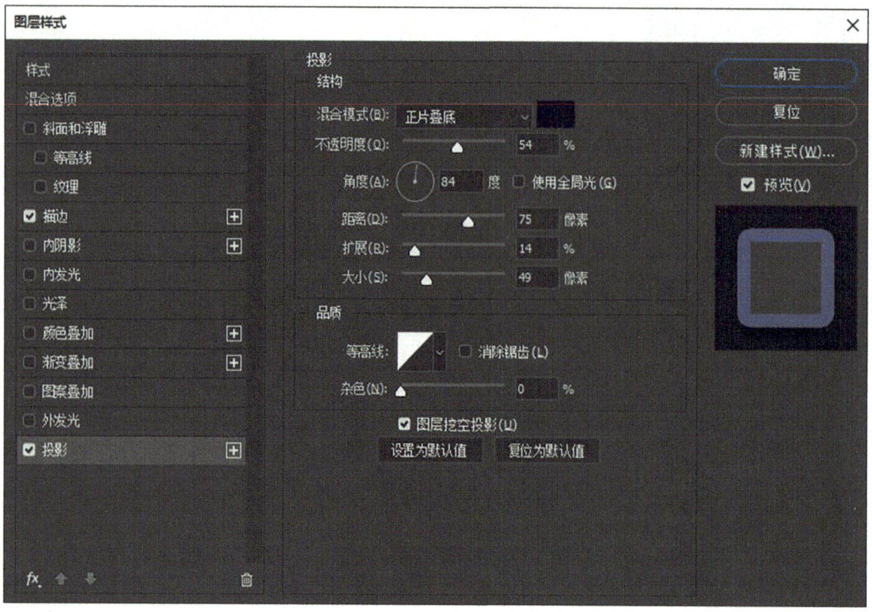

图 8-9

图 8-10

9）双击“图层2”，打开“图层样式”对话框，添加“斜面和浮雕”，参数设置如图8-11所示，效果如图8-12所示。

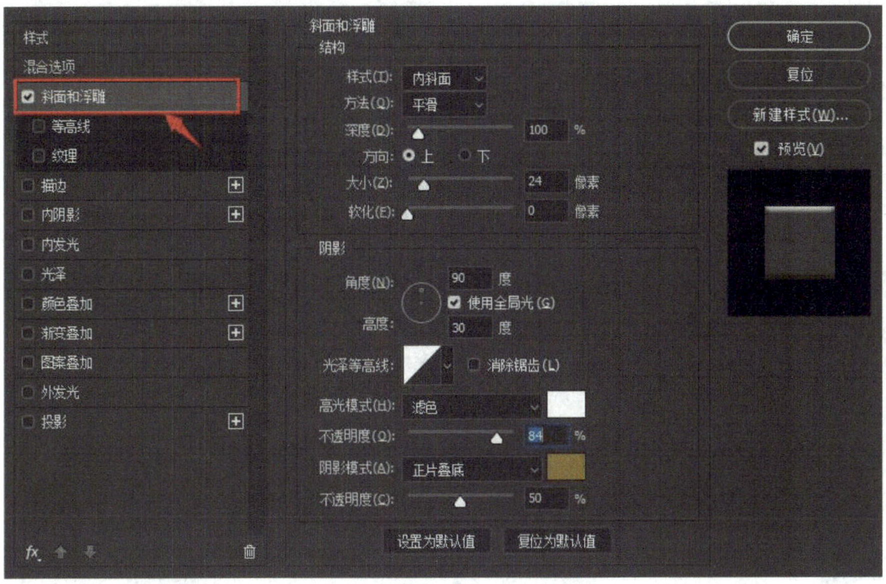

图 8-11

图 8-12

任务拓展

创意设计“我的中国梦”五个字。

任务总结

文字在版式设计中具有重要的作用，通过本任务的学习，可掌握文字设计的一些方法及技巧。

任务2 “劳动点亮青春”主题海报设计

扫一扫
查看教学视频

任务情境

劳动节是一年中具有重要意义的节日，通过设计海报来宣传劳动节，这不但增强了动手操作能力，也能通过制作前的调查了解更多劳动节的知识，从而深刻体会到劳动的意义。制作一个劳动节宣传海报，希望能够举一反三，学会制作更多的节日海报。

任务实施

1）执行菜单栏中的【文件】/【新建】命令，在弹出的对话框中设置各参数及选项，如图8-13所示。

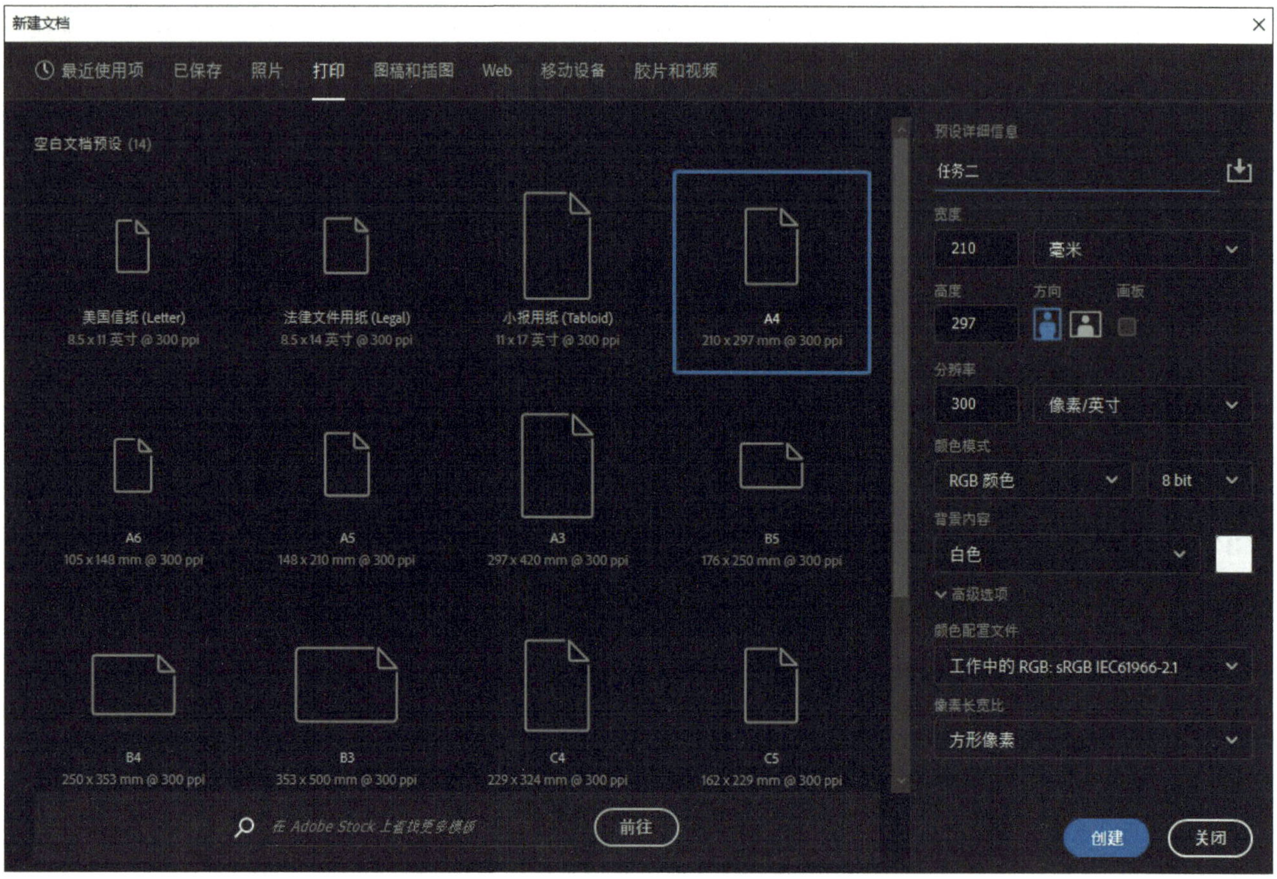

图 8-13

2）单击“图层”面板下方的“创建新图层”按钮，新建“图层1”。单击选中渐变工具，在其工具选项栏中单击“渐变编辑器”按钮，打开渐变编辑器。设置渐变色，左侧色标值设置为#f3faff，右侧色标值设置为#d6e0f2，设置完成后单击“确定”按钮，如图8-14所示。

3）使用渐变工具，在画布左下角向右上角拖拉线性渐变，为“图层1”填充渐变，效果如图8-15所示。

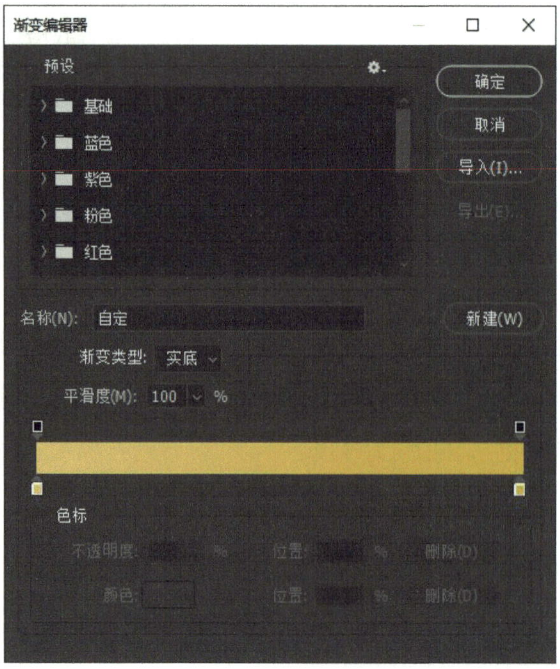

图 8-14

图 8-15

4）新建“图层2”，使用钢笔工具绘制出不同路径。按快捷键<Ctrl+Enter>将路径转换成选区，并为每个选区填充渐变，按快捷键<Ctrl+D>取消选区，效果如图8-16所示。

5）单击“图层”面板下方的“创建组”按钮，新建“组1”，同时选中“图层1”和“图层2”，将两个图层拖动到“组1”，如图8-17所示。

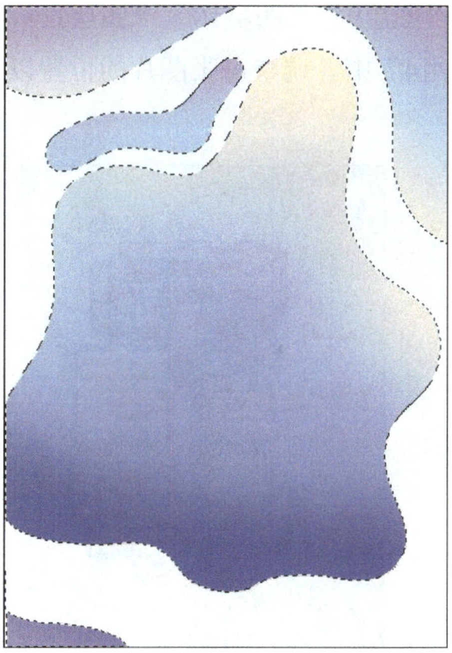

图　8-16

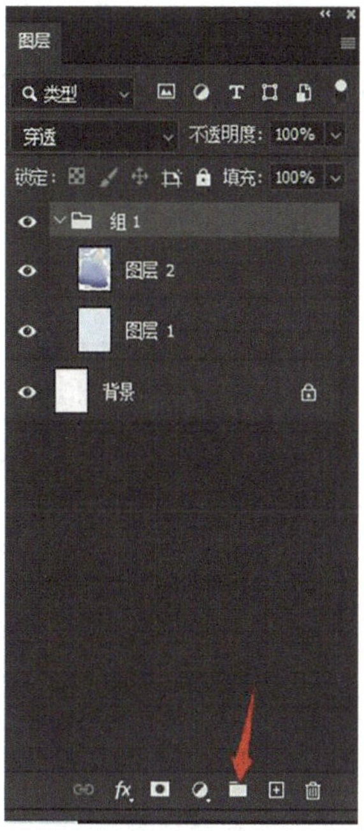

图　8-17

6）执行菜单栏中的【文件】/【打开】命令，打开项目8中的素材图片“任务2-1.png”“任务2-2.png”和“任务2-3.png”。使用移动工具，将素材移动到“劳动点亮青春海报设计”文件中，得到“图层3”“图层4”和“图层5”图层，重复步骤4。新建“组2”，将“图层3”“图层4”和“图层5”放置到“组2”中，调整好图片位置，效果如图8-18所示。

7）执行菜单栏中的【文件】/【打开】命令，打开项目8中的素材图片“任务2-4.png”。使用移动工具，将素材移动到“劳动点亮青春海报设计”文件中，得到“图层6”图层。将图片调整至合适位置，效果如图8-19所示。

图　8-18

图　8-19

8）执行菜单栏中的【文件】/【打开】命令，打开项目8中的“任务1.psd”源文件。将任务1中的图层移动到新文件中，得到“图层7”和“图层8”。适当调整文字的大小和位置，并创建“组3”，效果如图8-20所示。

9）重复步骤6）操作，执行菜单栏中的【文件】/【打开】命令，打开项目8中的素材图片“任务2-5.png”“任务2-6.png”“任务2-7.png”和“任务2-8.png”。使用移动工具，将素材移动到“劳动点亮青春海报设计”文件中，得到“图层9”“图层10”“图层11”和“图层12”。按<Alt>键的同时单击选中以上四个图层放到“组4”中。调整每张图片的位置以及大小，效果如图8-21所示。

图　8-20

图　8-21

10）使用横排文字工具，输入副标题“我的青春”四个字，按快捷键<Ctrl+T>调整字体的大小和方向。重复以上操作，制作“我做主！”文字，效果如图8-22所示。

11）新建“图层13”，使用多边形套索工具绘制三角形选区。为三角形选区填充颜色，设置前景色为白色，按快捷键<Alt+Delete>填充白色前景色，效果如图8-23所示。

图　8-22

图　8-23

12）重复按快捷键<Ctrl+J>，复制“图层13”5次，如图8-24所示。

13）按快捷键<Ctrl+T>，调整每个图层三角形的方向、位置、大小，效果如图8-25所示。

14）按<Ctrl>键的同时单击“图层13”及其他副本，再按快捷键<Ctrl+E>合并图层，如图8-26所示。

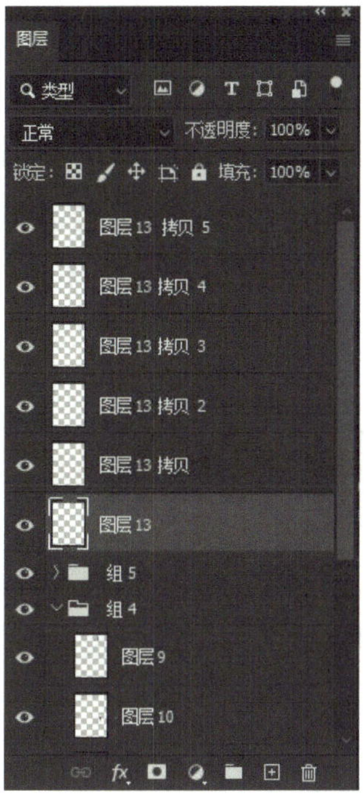

图 8-24

图 8-25

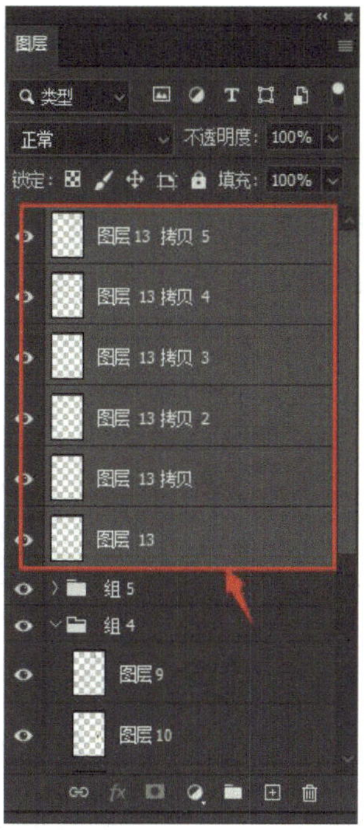

图 8-26

15）使用横排文字工具，在副标题下方输入内容“DON’T LET YEARS GET IN YOUR WAY”，字体大小设置为12点。海报两侧也分别用文字工具输入内容“热/血/青/年”“劳/动/正/青/春”“青春”，调整位置及大小，将所有文字图层归类到“组5”文件夹中，如图8-27所示，效果如图8-28所示。

16）使用矩形工具绘制矩形，颜色为#53447d，如图8-29所示。

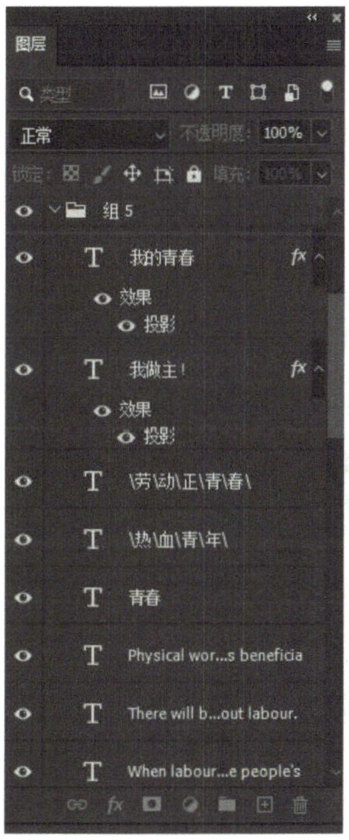

图 8-27

图 8-28

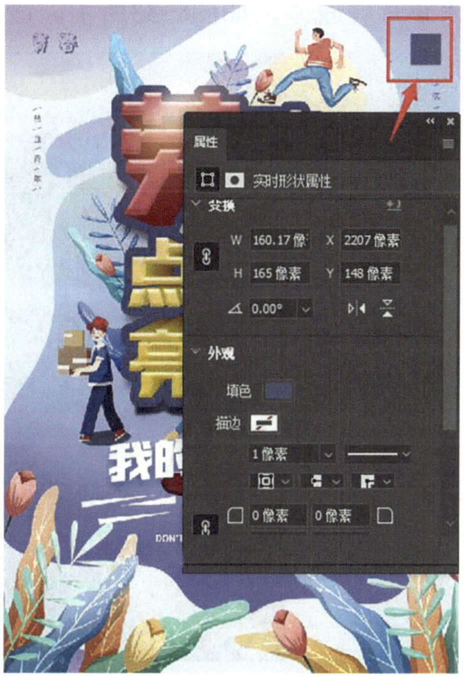

图 8-29

17）重复步骤16），绘制白色的矩形边框。使用横排文字工具，输入“2022”，效果如图8-30所示。

图　8-30

18）执行菜单栏中的【文件】/【打开】命令，打开项目8中的素材图片“任务2-9.png”和“任务2-10.png”。使用移动工具，将素材移动到“劳动点亮青春海报设计”文件中，调整光晕到“劳”和“青”两个文字上，按快捷键<Ctrl+T>调整大小，效果如图8-31所示。

19）新建“图层16”，使用椭圆选区工具，在左边人物下边绘制椭圆选区，按<Shift>键的同时在右边人物下边绘制椭圆选区。填充颜色为#1f1341，按快捷键<Ctrl+T>调整方向。使用多边形套索工具在文字下方绘制投影选区，填充颜色为#1f1341，效果如图8-32所示。

图　8-31

图　8-32

20）在“图层”面板中，将“图层16”的“不透明度”调整为65%，设置图层混合模式为“正片叠底”，如图8-33所示。最终效果图8-34所示。

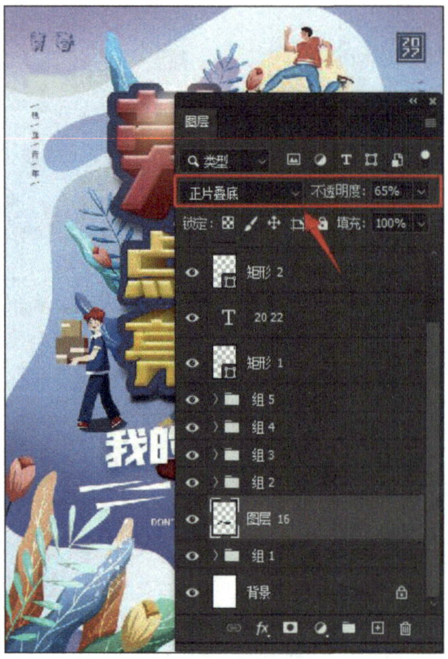

图　8-33

图　8-34

任务拓展

请以“感受家乡美，传承爱国情”为主题，做一幅宣传自己家乡的海报。

任务总结

通过本任务的学习，可掌握海报设计中标题、副标题、装饰图案、背景的基本创建方法。

任务3 “我的中国梦”海报设计

扫一扫
查看教学视频

任务情境

海报是视觉传达的表现形式之一，通过版面设计在第一时间吸引人们的目光，使人们获得瞬间的视觉刺激。这就要求设计师将图片、文字、色彩等要素在有限的空间内进行完美的组合，以恰当的形式向人们展示出要宣传的信息。本任务创作一张关于“中国梦”的海报，旨在增强学生的民族自豪感。

任务实施

1）执行菜单栏中的【文件】/【新建】命令，在弹出的对话框中设置各参数及选项，如图8-35所示。

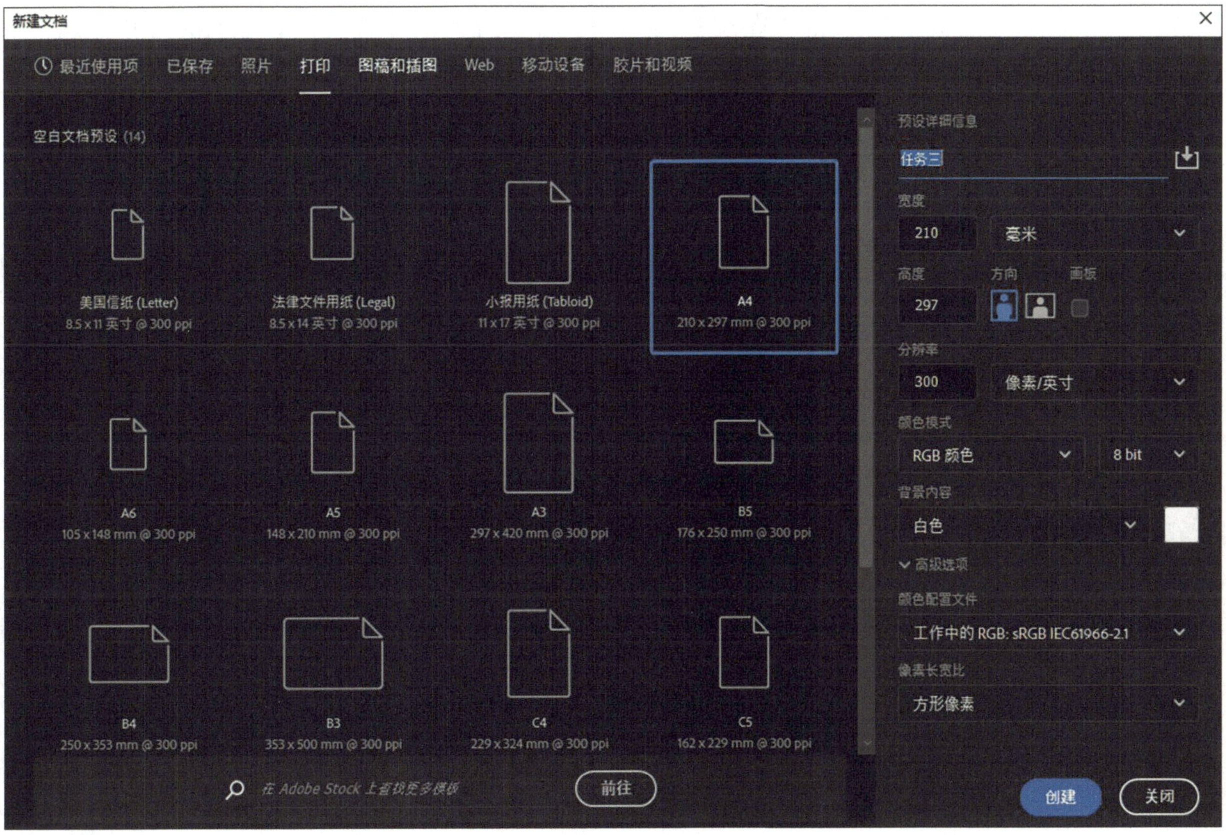

图 8-35

2）执行菜单栏中的【文件】/【打开】命令，打开项目8中的素材图片“任务3-1.png”。移动素材到“我的中国梦”海报设计文件中，得到“图层1”图层，如图8-36所示。

3）新建“图层2”，设置前景色为#b01515，按快捷键<Alt+Delete>进行填充。更改图层样式为“颜色”，如图8-37所示，效果如图8-38所示。

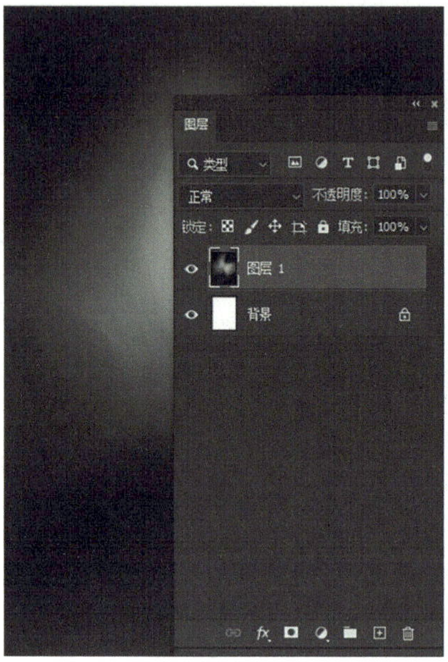

图 8-36

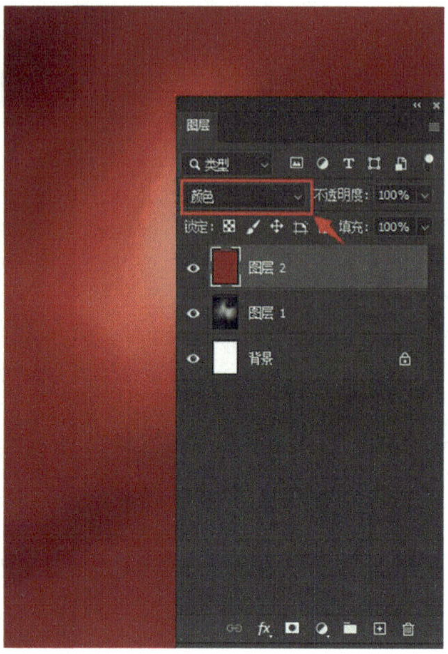

图 8-37

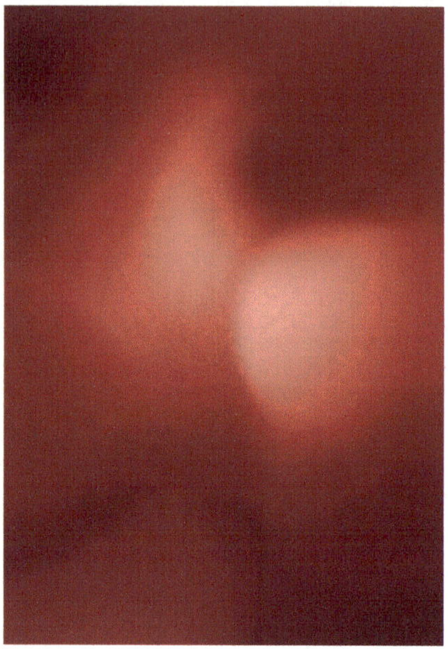
图 8-38

4）执行菜单栏中的【文件】/【打开】命令，打开项目8中的素材图片“任务3-2.png”。移动素材到“我的中国梦”海报设计文件中，得到“图层3”图层。按快捷键<Ctrl+T>调整图像的位置和大小，效果如图8-39所示。

5）在“图层”面板上方，将“图层3”混合模式设为“正片叠底”，如图8-40所示。

6）新建“图层4”，使用椭圆选框工具，按快捷键<Alt+Shift>由中心向外绘制正圆选区。设置前景色为#710101，按快捷键<Alt+Delete>进行填充，再按快捷键<Ctrl+D>取消选区，效果如图8-41所示。

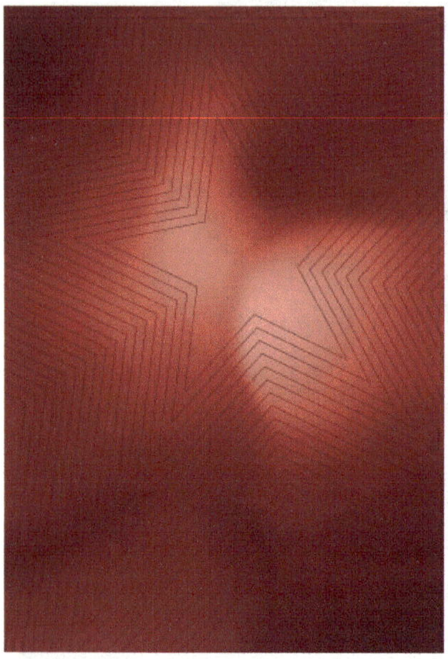
图 8-39

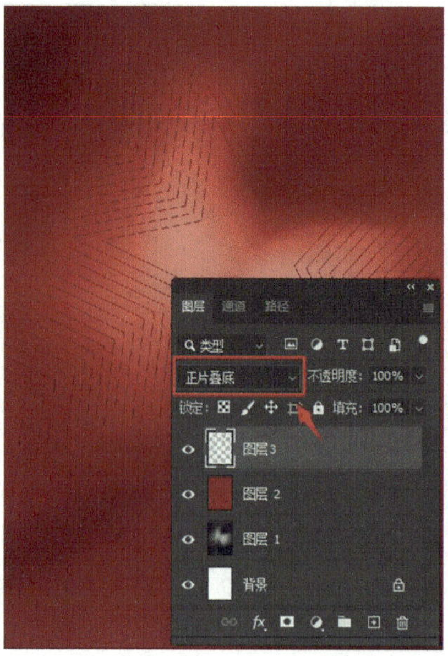

图 8-40

图 8-41

7）按快捷键<Ctrl+J>复制“图层4”，得到“图层4拷贝”，并重新命名为“图层5”。按快捷键<Ctrl+T>，调整“图层5”的宽度和高度均为115.00%，如图8-42所示。按<Enter>键按比例完成缩放。

图　8-42

8）按<Ctrl>键的同时单击“图层4”缩略图，将“图层4”的圆形载入选区。单击“图层5”，按<Delete>键删除选区内容，如图8-43所示。

9）按<Ctrl>键的同时单击“图层5”缩略图，调出选区，设置前景色为#a90d0d，按快捷键<Alt+Delete>进行填充，再按快捷键<Ctrl+D>取消选区，如图8-44所示。

图　8-43

图　8-44

10）双击“图层5”，打开“图层样式”对话框，添加投影，参数设置如图8-45所示。

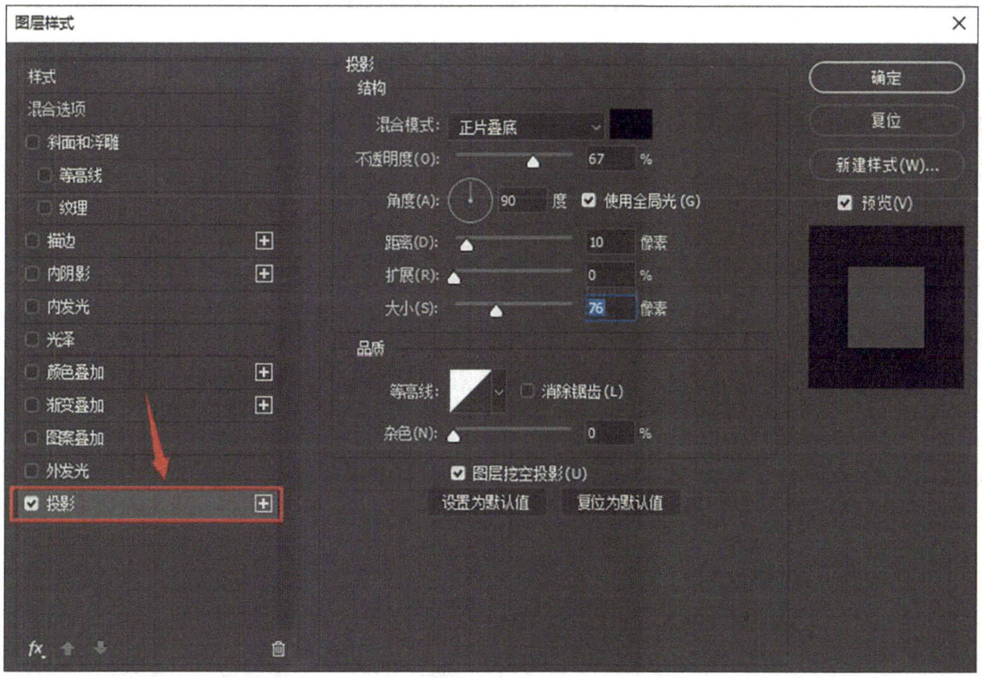

图　8-45

11）按快捷键<Ctrl+J>复制“图层5”，得到“图层5拷贝”图层。按快捷键<Ctrl+T>调整“图层5拷贝”圆形的宽度和高度均为115.00%。按<Enter>键比例缩放完成。按<Ctrl>键的同时单击“图层5拷贝”缩略图载入选区，设置前景色为#f9b506并进行填充。效果如图8-46所示。

12）绘制粉色圆环选区，填充前景色为#fb6b5c，完成粉色圆环的绘制。按快捷键<Ctrl+D>取消选区，效果如图8-47所示。

13）在“图层”面板中，按<Ctrl>键的同时选中“图层4”“图层5”及图层5的副本，如图8-48所示。按快捷键<Ctrl+E>合并四个图层，得到“图层5”图层，如图8-49所示。按快捷键<Ctrl+T>适当调整圆环大小。

14）执行菜单栏中的【文件】/【打开】命令，打开项目8中的素材图片“任务3-3.png”。移动素材到“我的中国梦”海报设计文件中，并修改图层名称为“图层6”。在“图层”面板中，拖动“图层6”到“图层5”的下方，如图8-50所示。

15）新建“组1”，将“图层1”“图层2”和“图层3”拖至“组1”中，如图8-51所示。

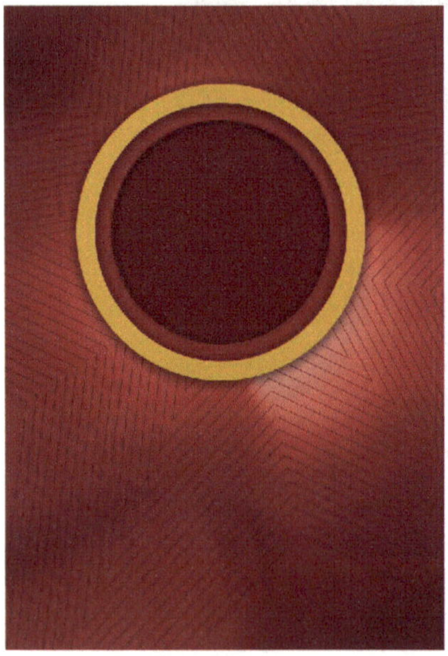

图　8-46

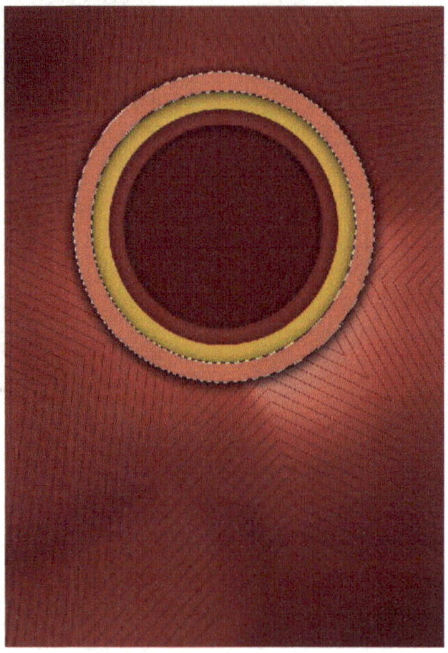

图　8-47

图　8-48

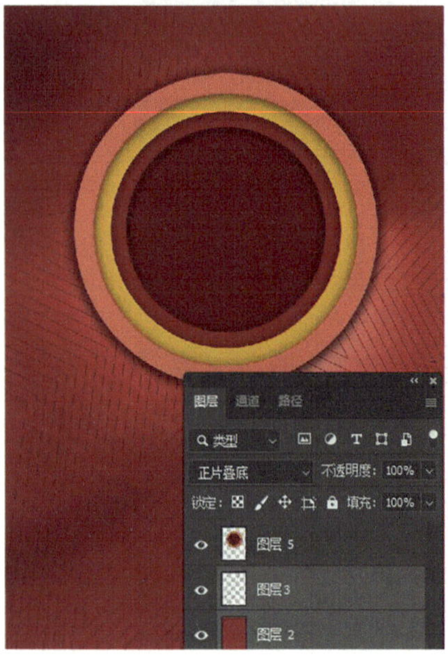

图　8-49

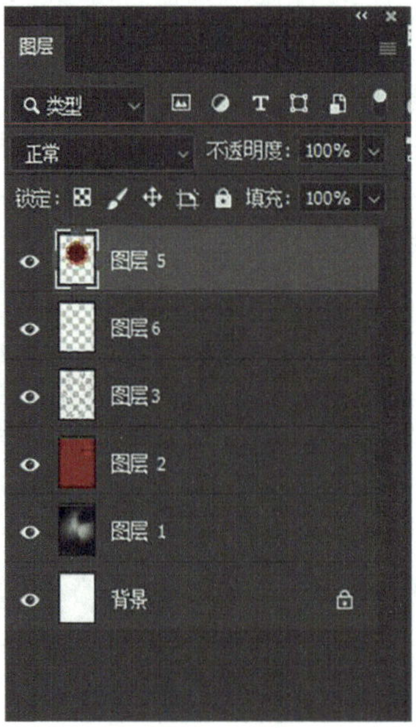

图　8-50

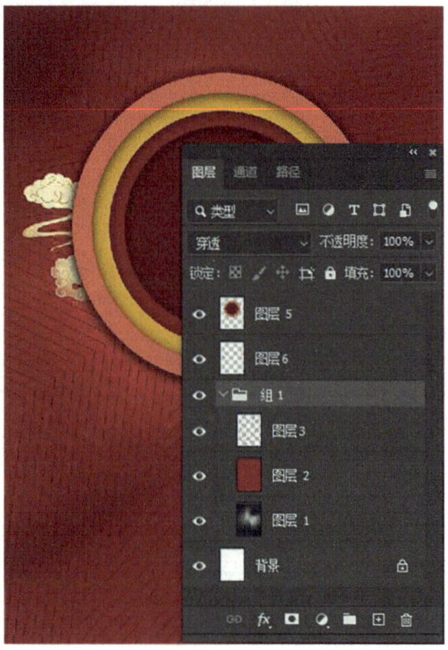

图　8-51

16）新建“图层7”，使用椭圆选框工具绘制圆形选区。按<Shift>键添加选区，选区形状组成云的形状。按快捷键<Alt+Delete>填充前景色为#ffb5b5，效果如图8-52所示。

17）按快捷键<Ctrl+J>复制“图层7”，得到“图层7拷贝”图层。执行菜单栏中的【编辑】/【变换】/【水平翻转】命令，适当调整其位置和大小，效果如图8-53所示。

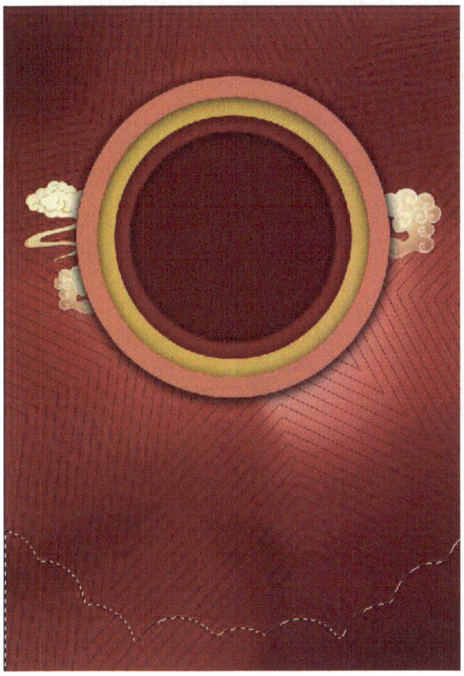

图 8-52

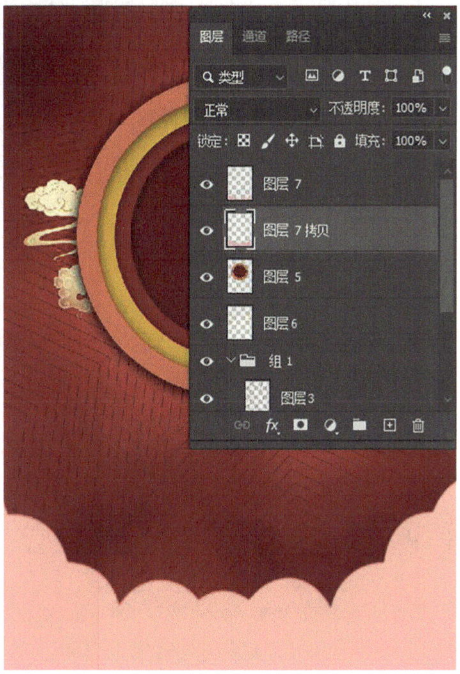

图 8-53

18）双击“图层7”，打开“图层样式”对话框，添加投影，参数设置如图8-54所示。

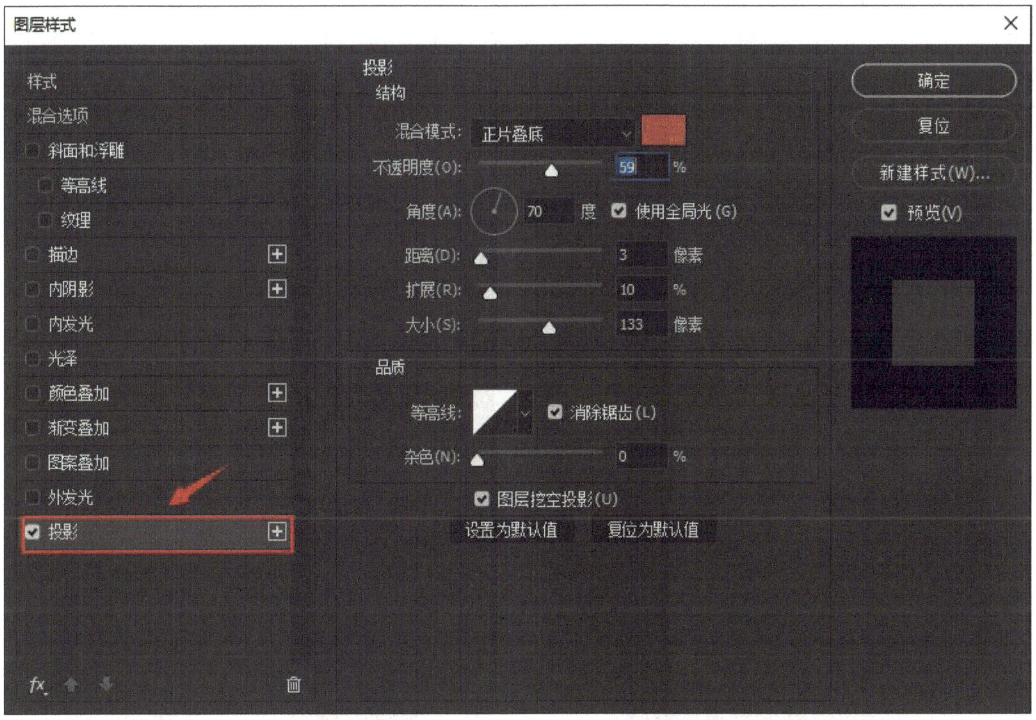

图 8-54

19）选中“图层7”，执行【滤镜】/【模糊】/【高斯模糊】命令。

20）使用同样的方法对“图层7拷贝”执行步骤16和步骤17的操作，得到图8-55所示的效果。

21）执行菜单栏中的【文件】/【打开】命令，打开项目8中的素材图片“任务3-4.png”和“任务3-5.png”。移动素材到“我的中国梦”海报设计文件中，分别调整两个素材到适当位置，再按快捷键<Ctrl+T>调整其大小。新建“组2”，将“图层6”～“图层9”拖至“组2”中，如图8-56所示。

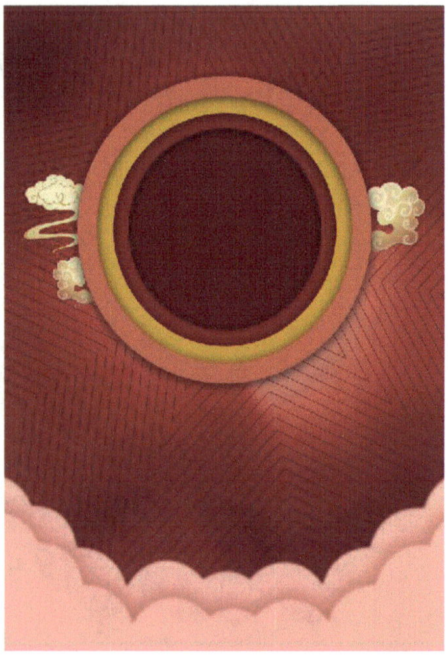

图 8-55

图 8-56

22）执行菜单栏中的【文件】/【打开】命令，打开项目8中的素材图片“任务3-6.png”。移动素材到“我的中国梦”海报设计文件中，得到“图层6”图层，并调整到位置，再按快捷键<Ctrl+T>调整其大小，效果如图8-57所示。

23）打开项目8中的素材图片“任务3-7.png”。移动素材到“我的中国梦”海报设计文件中，得到“图层7”图层，调整其位置和大小，并设置图层类型为“线性减淡（添加）”，如图8-58所示。

图 8-57

图 8-58

24）使用矩形工具绘制矩形，设置填充色为#fcad46，矩形参数设置如图8-59所示。

25）使用矩形工具绘制第二个矩形，设置矩形填充色为#bc2121，如图8-60所示。

26）使用横排文字工具，输入副标题文字“为梦而年轻，为梦而坚定”“永远跟党走-共筑中国梦”，输入正文小字“中国共产党第二十次全国代表大会于2022年10月16日在北京召开”，调整文字的大小和位置。最终海报效果如图8-61所示。

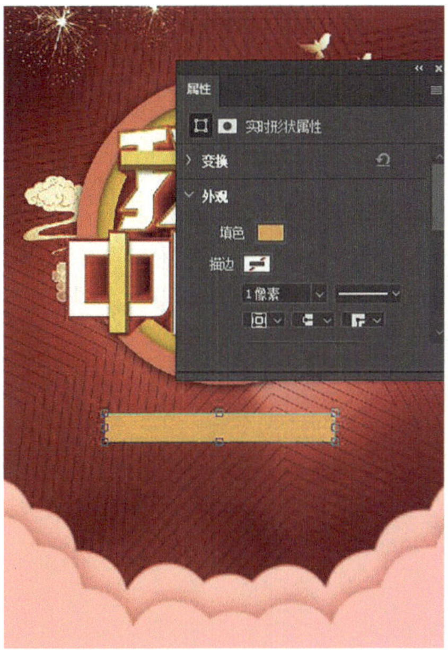

图 8-59

图 8-60

图 8-61

任务拓展

请以“传承红色基因，争做时代新人”为主题，制作一幅宣传海报。

任务总结

通过本任务的学习，可掌握主题海报的设计方法，以及海报的相关知识。

参 考 文 献

[1] 唐莹．中文版Photoshop 2021从入门到精通：案例视频版[M]．北京：北京理工大学出版社，2022．

[2] 姜玉声，任群．Photoshop 2021中文版入门、精通与实战[M]．北京：电子工业出版社，2022．